气质女人

做一名有内涵的现代女性

向亚云 王 毅◎编著

女人之美 美在气质 气质之美 美在内涵

人民日报出版社

图书在版编目（CIP）数据

气质女人：做一名有内涵的现代女性 / 向亚云，王毅编著 .-- 北京：人民日报出版社，2020.12
ISBN 978-7-5115-6832-8

Ⅰ．①气… Ⅱ．①向… ②王… Ⅲ．①女性－修养－通俗读物 Ⅳ．① B825-49

中国版本图书馆 CIP 数据核字（2020）第 253834 号

书　　名：气质女人：做一名有内涵的现代女性
QIZHI NÜREN：ZUO YIMING YOU NEIHAN DE XIANDAI NÜXING
作　　者：向亚云　王　毅

出 版 人：刘华新
责任编辑：刘天一
封面设计：陈国风

出版发行：人民日报出版社
地　　址：北京金台西路 2 号
邮政编码：100733
发行热线：（010）65369509　65369827　65369846　65363528
邮购热线：（010）65369530　65363527
编辑热线：（010）65369844
网　　址：www.peopledailypress.com
经　　销　新华书店
印　　刷　北京柯蓝博泰印务有限公司

开　　本：710mm × 1000mm　1/16
字　　数：192 千字
印　　张：13.5
版次印次：2021 年 1 月第 1 版　2021 年 1 月第 1 次印刷

书　　号：ISBN 978-7-5115-6832-8
定　　价：49.80 元

前　言

女人的气质，是指一个女人所独有的、个性化的风采、气度和魅力。它是女人内在的涵养、学识、阅历、境界以及对待生活的态度，自内而外显露出来的一种独特而芬芳的韵味，具有无上的吸引力和恒久的美。如花之魂，水之韵，松之魄，看似无形，实则有灵，出于内而形于外，驻于心而露于表，它让一个相貌普通的女人也能拥有超凡脱俗的美，无以伦比的魅力。

气质不是天生的，它是一定的文化底蕴，一定的内涵修养，一定的人生阅历和一定的修炼与领悟，才能烹调出来的醉人味道。气质与年龄无关，有气质的女人，即便白发苍苍，依然魅力不减；气质与奢华无涉，有气质的女人，哪怕白衣素裙，同样风情万种。

可见，气质的核心，是内涵。

内涵是气质的源头和基础。“石蕴玉而山辉，水怀珠而川媚”，一个女人的美好气质，不是因为容颜的漂亮，衣着的豪奢，而是因为心中有锦绣，怀中有珠玉。一个女人即便有如花的容貌、曼妙的身材，优雅的举止、得体的服饰，悦耳的声音、动听的话语，是人见人夸的美女，如果没有内涵，没有内在的学识和修养，没有内心的宽厚和善良，没有豁达乐观的心性，没有对生命的彻悟和对人情的通透，没有对生活的热爱和对人生的追求，也不过芳华刹那，灿烂一时而已。因为外在的一切，都会随年华老去而如烟飞逝，留不下什么。

但是，一个内涵丰富的女人，却会和时间一起成长，把岁月酿出香味，将阅历化为魅力，即便脸上布满皱纹，风姿却愈加迷人。那是因为她的美，是从饱满而丰盈的内心散发出来的，是调和了学识、修养、阅历和慧悟之后，展现出来的迷人风致和魅力。这样的美，绝非肤浅的外貌可以比拟。

没有内涵的女人，即便天赋的容颜再美，也难有迷人的气质。人们常说：岁月从不败美人，那是因为真正的美人，从来不曾饶过岁月。跟随岁月所经历的每一分每一秒，她都在不停地填充自己，不断地丰富自己，不断地修炼自己。岁月老了，她的风姿和风采，却愈加出众，愈加迷人。因为她内在的修养与积淀和岁月一样丰富，一样厚重，一样大气从容，风致迷人。

所以，想要做一个气质女人，就要从修炼内心、丰富内涵开始。只有通过性情的磨砺和心性的培养，经过书香的浸染和才情的滋润，配以丰富的学识和丰盈的内心，再加上时间的磨洗和岁月的馈赠，才能让一个女人修炼出气质，即便相貌普通也会越来越有风采，越来越有魅力。一言一行，温文尔雅；一举一动，如歌如诗；一笑一颦，风姿迷人；一嗔一怒，风情万种。这才是一个真正有内涵、有修养、有恒久之美的气质女人！

那么如何做一个有内涵的气质女人呢？

本书从磨练性格、塑造心态、浸润书香、滋养才情、文雅谈吐、端正仪态和通晓礼仪等方面，详细阐述了现代女性应当如何通过自我修炼，让自己由内而外展现优雅气质和知性魅力的方法和途径，并以真实生动的案例、优美睿智的笔触，全方位多角度指导女性如何打造优雅之美、知性之美、才情之美、风韵之美，以引领现代女性在工作和成长中不断丰富自己的内涵，提升自己的素养，脱胎换骨，成为一名真正有内涵、有气质的现代女性。

衷心希望每一个现代女性，都能在本书的指引下，修炼内心，提升内涵，展现气质，成为最好的自己。

目 录

内心善良，气质温婉；心胸豁达，气质爽朗；自尊自爱，则气质高贵……要想有出众的气质，就先从修炼内心开始。

心态积极、内心有阳光的女人，热情开朗，磊落坦荡，气质自然干净明亮，让人感受到女性的明丽和美好。而且她们身上那种明朗的气质，有着神奇的、可以感染他人的力量，把周围的人吸引到她们的身边来，这让她们平添魅力的光芒。

第四章 浸染书香，腹有诗书的女人气质自然高华 / 065

“腹有诗书气自华”，现代女性的知性和优雅，都源于书香的浸润和熏染。胸无点墨、谈吐粗俗、举止无拘的女人，即便有如花之貌也不会有气质。要想有高华的气质，读书无疑是最根本的路途，因为书香浸染过的灵魂，自有一种兰心蕙质的芬芳。

第五章 滋养才情，才情和智慧是气质的永恒源头 / 085

“石蕴玉而山辉，水怀珠而川媚”，一个人的美好气质不是因为容颜的漂亮，衣装的豪奢，而是因为心中有锦绣，怀中有珠玉。才情才是女人最华美的衣裳，永不会褪色；智慧才是女人气质的源头活水，绵延不绝。

第六章　谈吐雅致，温言软语衬托女人的斯文雅致 / 103

斯文雅致的谈吐，是学问、修养、素质和才智的流露，也是知性气质的重要源头之一。一个温言软语、谈吐优雅的女性，自有一种典雅斯文的气质，让人不由自主地高看一眼，情不自禁地被她吸引。

第七章　仪态万方，绰约风姿成就女人的万种风情 / 129

常言说，“女人之美，三分在长相，七分在仪态”，仪态美好，美人韵致和风情，自然就有了。行走坐卧间风姿绰约，举手投足时韵味高雅。立如芙蓉出水，坐如牡丹含蕊，一动一静时自有风标高格；巧笑倩兮，美目盼兮，一嗔一怒间都风情万种，这样的女人，自然魅力四射，令人着迷。

第一章 气质女人，现代女性芬芳优雅的知性韵味

现代女性的美好，不仅仅在于美丽的容貌，精致的装扮，更在于一种优雅知性的韵味。这种韵味不同于传统女性的柔弱和顺，也不同于开放女性的自傲张狂，而是现代知识女性特有的一种集相貌举止、品位修养和情趣内涵于一身的典雅、柔美、知性的气质，温暖明媚却自主独立，芳香暗吐又韵味不绝。

1. 气质，女人最恒久的美丽和魅力

如果一个女人会让人觉得她总是那么高贵，神圣不可侵犯；总是那么高洁，娴雅不俗；总是那么高尚，品行端庄。年纪越大，她们却越来越美越来越有魅力，那一定是气质女人而不是美貌女人。

很多人以为，美貌是女人的第一资本。殊不知美貌其实是世间最易逝的风景。再美貌的女人，也无法抵挡岁月的侵蚀，无从掩盖岁月的痕迹。所谓“红颜弹指老，刹那芳华”，青春和美貌再美好再世间无匹，也终究不过如昙花一现，持久不了。唯有用丰富的内涵造就的独特气质，才拥有无以伦比的恒久魅力，让女人沧桑历尽，世事阅尽，却能如醇酒一般散发出岁月的香味。沧桑化为智慧，阅历化为魅力，即便脸上布满皱纹，风姿却愈加迷人。

这就是气质。

气质，是指一个人相对稳定的个性特征、风格以及气度。看似无形，实则有形。它是女人内在的学识、修养、格局、境界以及对待生活的态度自内而外显露出来的一种独特的魅力。它不是着意装扮所能奏效的，而是一点一点由内涵积淀而成，再由内向外散发出来的。

气质的优雅、高贵和美好，远胜过外表的漂亮、妩媚和妖娆。即使外貌再平凡的女性只要修炼出气质，也会立刻变得神采飞扬、楚楚动人起来，更别说那些天生丽质之人了。

可可·香奈儿就是一个以气质美著称于世、以优雅美征服天下的典范。只要听到香奈儿的名字，大家脑海里会想到优雅、奢华、昂贵，可可·香

奈儿，不仅仅是一个时装的品牌、一个香水的品牌，也是一个伟大女性的名字。

她对高级定制女装的影响令她被时代杂志评为20世纪影响最大的100人之一，她还是20世纪二三十年代最伟大的女装设计师，更是时尚帝国香奈儿（Chanel）品牌的创始人。她是当时时尚界的公主，设计界的皇后，交际界的名媛，是优雅、美丽、时尚、自由、独立女性的代名词。

她天生丽质，却命运多舛。两岁时母亲去世，被送进了孤儿院。孤儿院严苛而单调的生活和她天性中的傲气和叛逆，使她自小养成了骄傲、倔强、独立、自由的性格。那时她唯一的梦想就是：离开这里，重获自由。

长大后，她离开孤儿院当上一家裁缝店的店员，在这里她学会了高超的针线技巧。这时候的她，已出落得秀美高挑，美丽非凡，尤其是那长长的脖颈和尖尖的下巴，更是赋予她天生的高贵气质。但她真正的高贵，来自于她的心灵，来自她对自由的渴望，对美好的追求。

后来她结识了男友卡保，在卡保的帮助下，她在坎朋街开设了自己的第一家女帽店，她自己设计、自己缝制出一顶顶既简洁大方，又漂亮时尚的帽子，深受时尚界的欢迎，生意蒸蒸日上。此后，坎朋街因她而闻名了半个世纪，至今这个街区仍是香奈儿品牌的总部根据地。

这次的成功，不仅让她有了经济独立的底气，也发现了自己的设计天分。之后她开始进军高级定制女装领域，并以自己做模特进行推广，取得了巨大的成功。1913年推出针织羊毛运动装。两年后，又设计出休闲味道很浓的女子宽松裤、肥大的海滨宽松裤。随后是粗呢水手服和雨衣改成的时新服装、小黑衣配一条齐膝短呢裙、运动茄克上镀金纽扣、后系带凉鞋，最重要的是，她设计出了经典的“小黑裙”……她的创造力是具有爆炸性的，她强调简洁优雅、易穿着的设计，把女性从繁复的服装中解放出来，这让她她成为现代女性衣着革命的先锋。

由于她非凡的美貌和不同凡俗的气质，把她设计的服装衬托得优雅高贵，使得她本人的衣着举止成为潮流之源。甚至她随意的搭配，也会成为流行的风潮。据说，有一次天气骤冷，香奈儿就借了一件马球套衫，束了腰，卷起袖，便显得更潇洒迷人。这种偶尔的装束成为时髦一时的“香奈儿装”，被人竞相模仿，她的时装和她本人一样销魂蚀骨地迷住了那个时代。

看她真实的照片，我们会发现，这位传奇人物的气质并非普罗大众想象的那般，她既不像穿着小黑裙的奥黛丽·赫本，也不像雍容美丽的妮可·基德曼。她的美自有一种独立、自由、优雅、甚至“刚硬”的味道。

事实上，她确实很“刚”。她内心的骄傲和独立、自由、不妥协的灵魂，使她有着一种天然的倔强气质；她的精明干练、聪明灵慧又让她的气质里添了骄傲和自信的成分；在接受采访的时候，她眉毛上挑，目光自信，仿佛《乱世佳人》中倔强的斯嘉丽，有一种从骨子里透出来的桀骜不驯。

她的美貌，她的聪明，她的自由精神，她的独立坚强的个性和自我成就的能力，让她的身上闪耀着一种独特的优雅、自信又倔强，让人望之可亲可爱，思之如迷如醉，这样的气质使她成为法国时尚界当之无愧的第一明星。

香奈儿完美地诠释了一个集自由、坚强和自我成就的新时代女性的形象，也尽情地展示了自己无以伦比的优雅，和无人能及的美丽。直到今天，她依然是时尚界潮流和风格的风向标，优雅和高贵的代名词，她的美丽和魅力永不会老去。

天赋的容颜是一道最容易消逝的风景，无情的岁月在夺走女人那面如桃花的容貌的同时，还会在那张曾经漂亮的脸上烙下深刻的印痕，如此还能留存下来的魅力，正是女人最本质的美——气质！

气质是一个女人魅力的来源，也是女人最持久永恒的美。再漂亮的女人，如果没有气质，也会让人觉得眼神空洞，艳俗可憎；而有气质的女人，或许相貌并不惊艳，却自有一种卓尔不凡的风韵，让人不由自主地着迷。

有气质的女人，那美好的风情和魅力，永不会消退。上天对每一个女人都是公平的，每一个女人都能够得到气质精灵的宠爱，每一个女人都有机会展现自己独特的魅力。

女人可以不漂亮，但不能没有气质。如果还没有，那一定要开始修炼了。气质与美丽是不同的，美丽或许可以出于天然，而气质是后天一点一滴培养的结果。著名的“气质大师”靳羽西说过：“气质与修养不是名人的专利，它是属于每一个人的。气质与修养也不是和金钱、权势联系在一起的，无论你从事什么职业，无论你多大年龄，哪怕你是这个社会中最普通的一员，你也可以有你独特的气质与修养。”

所以，聪明的女性不仅要注意自己的外表，更要重视自己的内心，改变自己，提升自己，修炼自己，升华自己，努力丰富自己的内涵，修炼自己的气质，让自己从内而外，都散发出迷人韵味，让自己成为魅力四射的气质女人。

2. 知性优雅，现代女性特有的美好气质

与古代气质美女的柔弱婉约不同，现代女性崇尚的是一种知性优雅、端庄大方的气质。

有人说：“优雅知性的女人，应该是这样的：永远得体的装扮，永远脱俗的气质，永远微笑着聆听，谈吐文雅大方，从不张扬，不会浓妆艳抹，不会紧跟时尚但修饰十分得体，让自己从里到外都散发出动人的光芒。”可谓一语中的，把现代女性的优雅和知性阐释到了骨子里。

有这样气质的女性，身段柔和、姿态优美，或许没有让人惊艳的五官，但一定有如湖水般宁静的眼波、玫瑰样温暖的笑容；或许没有奢侈艳丽的装扮，但一定有端庄得体的衣着，赏心悦目的妆容；或许没有独步海内的学识，滔滔不绝的口才，但她一开口必然是高雅文明的语言，轻声

细语的语调，娴雅温和的语气……这样的女人，如月光下静默无声的湖水，如山岗上安然绽放的百合；这样的女人，有晶莹剔透的光芒，有温婉柔和的力量，这样的女人，没有美貌也一样魅力无穷，倾国倾城。

无论是镜头里的杨澜，还是生活中的杨澜，身上总是带着优雅与睿智并存的知性美。她的服装从来没有艳丽花哨过，她的打扮从来没有背弃过她的气质，她从来不浓妆艳抹，她的脸上永远有淡淡的笑，她对周围的每一个人都是热情诚恳；她从来不高声大嗓，但说出来的话却有千钧的力量；她从来不怒形于色，但从来没有人与她对抗；她也从来没有风风火火，然而她的事业却不断地风生水起，创造了一个又一个的奇迹……作为知性美的代表，她以最理性的姿态和最平和的心态展示给大众一种最美丽的形象。

在每一次采访之前，她都会做最充分的准备；在每一次采访过程中，她都能够表现得游刃有余。她用她的机智和聪明，让我们感受到幽默与轻松的画面。她敏捷的思维、灵敏的反应、得体的应对，与她平时知识的积累、文化的储备有着直接关系；她非凡的机智，也跟她本人各方面的修养分不开，一次次的采访，充分体现了优雅的气度。讲三国的易中天就说过，“最好的采访很难说，但杨澜是我感觉最用功、准备最充足的记者。我随便讲到某一个问题的时候，杨澜就拿起我的书说，嗯，这不就是你在书里讲到的观点吗？然后随手就翻到了那一页。”可见，杨澜的知性和优雅、睿智和聪明，不是天生的，而是她多少年不停做功课、不断修炼的结果。

这种知性、优雅、高贵又自尊的美，也是现代职业女性身上所独有的气质和风采。这不是光凭天赋拥有的资本，是需要通过一定的文化底蕴、一定的修养层次、一定的人生阅历，一定的历练和经历，才能烹调出的醉人味道。

优雅是什么？是一种人生体验到极至的感悟，也是一种更为简单纯净的心态；是一种灵性，一种智慧，更是一种品位，是经过岁月沉淀过后的那种沉静深厚的美丽，是经过世情历练之后的那种成熟睿智的灵气，更是见识和学养涵养出来的自信和睿明。它是自然的、有个性的、简洁的、随和的，绝对不仅仅是外表的好看，更是内在的学识和修养。

知性优雅的女人拥有特别的柔情，她爱自己，更爱他人，她是春天的雨水，润物细无声。她语调柔和，亲切温情，每个人都愿和她靠近，她不单有女性的娇憨和妩媚，还有母性的善良、关切和慈祥，与她谈天说地，常给你人生的启迪，让你沉静，教你努力，感受到生活的美好与希望。但她并不是弱不禁风的女人，优雅的女人身体健康心理正常，有着宽容、平和的心态，气度娴雅，见识高远，心思幽深，绝不会让人一眼看穿。

这样的气质，在外是不凡的形象，在内是高尚的内涵，是内在美和外在美结合的产物；既有传统女性的温柔与娇媚，也有现代女性的大方和洒脱，更有职场女性的沉着和坚强。这样的女人优雅迷人。

3. 芬芳气韵，源自内心的优雅和高贵

女人的气质是女人身上的一种独特的芬芳韵味，是上天赋予女人特有的风采。女人的气质于爱中绽放，于沧桑中成长，是浸润在骨子里的风韵与情致，是内心的优雅和高贵，是经历岁月后的成熟与妩媚，也是生命激荡之后的平静，深沉之后的简约，随意之后的优雅，苦难之后的高贵，是生命与性情在岁月的浸润下开放的一种独特而光芒闪耀的美丽。

那种让人心神迷醉的芬芳气韵和使人沉迷的高贵，绝非俗脂艳粉所能拥有的。这样的气质只属于内心高贵、纯洁、善良又有修养的女人。

美国影星奥黛丽·赫本，出身名门，会讲5国语言，举止优雅得体，

气度非凡，是世界公认的气质美女。她的性格矜持内敛却又平易近人，她有着娇美的容颜和如花般的笑靥，还有善良温柔的内心。

她的气质是从种种微小的细节中淬炼出来的——她的动作、声音，甚至她签名的手法。无论我们如何理解她的气质，赫本都已经把女人气质融合在举手投足之中。

赫本是时尚的代言人，她的着装强调了她的苗条纤柔，她用服装将温顺柔弱的女性特质穿了出来，不仅受到男人们的爱慕，也受到女人们的崇敬。她是二十世纪最受人们崇拜和仿效的女性之一。

许多人都明白，赫本令人醉心的女人气质，是无人能及的，她是气质女人的代表，是天使的化身，是电影史上永远的纯真女神。她的清纯和超凡脱俗是没有任何人能够再现的，她为世界影坛创造了无数个清新隽永、纯洁可爱的形象。她的美与她良好的教育和长期练习芭蕾有关，更与她本真的善良有关。

在谈到美女减肥时，她说："要有纤细的身材，请与饥民分享你的食物。"

在谈到女人的美丽时，她说："女人的美丽不存在于她的服饰、她的珠宝、她的发型；女人的美丽必须从她的眼中找到，因为这才是她的心灵之窗与爱心之房；女人的美丽不是表面的，应该是她的精神层面的，是她的关怀、她的爱心以及她的热情。"

难怪有人说："虽然没见过上帝，但是我们的确遇到了天使，她就是奥黛丽·赫本。""赫本气质"是上帝赐于人类一块活着的、完美无暇的、神话似的美玉。芬芳、莹润、美好，既有外表的光鲜艳丽，更有真、善、美的内里，折射出一个女人灵魂深处的纯粹的美。

这些都来源于内心的优雅和高贵，这是一种女人本性中的特质和内涵修养相结合之后散发出来的芬芳。是一个女人本性中的善良、温柔和高贵的天性使然。

我们见过很多外表美丽的女人，她们盘着漂亮的发髻，身上穿着名贵的貂皮大衣，手上戴着克拉足够大的钻戒，出入美容院等高档场所，眼睛目不斜视，一副高高在上的贵妇人形象。但一张嘴说话，就会原形毕露，她们的浅薄、无知、低俗真的无法跟她们的外表匹配，其实她们美丽的只有她们的外表，她们的内心是空虚、寂寞的，因而她们无法拥有高贵的气质。

唯有那些内心高贵，心灵纯净，不贪图荣华富贵，心底坦荡，心静如水的女人，才能自然而然表现出优雅的气质，芬芳的韵味。她们的内心是丰富的、善良的、美好的。她们心中有爱，眼中有光，心中有善良，他们同情弱小，乐于助人，内心充实，面带微笑，高贵的气质自然外露。

4. 气质出众的女人，都有丰富的内涵

女人的气质是做作不出来的，容貌有形，气质则无形，它是一个人内涵和底蕴的外在表现。气质出众的女人，都有丰富的内涵。

著名表演艺术家秦怡，一生坎坷，历尽磨难。婚姻失败，感情不顺，患过癌症，动过多次大手术；丈夫卧病在床，她尽心照顾；儿子精神分裂，她悉心呵护，之后丈夫和儿子先后离她而去，她孤身一人，孑然世间。人生惨淡如此，她却并没有因此而倒下去，反而更加顽强、更加坚韧，更加从容，更加热爱生命。如今虽然已经 98 岁高龄，却依然端庄、优雅、美丽。

是的，你没有听错，是优雅、美丽。

很少有人形容一个女人的晚年会用美丽这个词，但不论是谁，只要见过 78 岁的秦怡、88 岁的秦怡以及如今 98 岁的秦怡，都不得不由衷地赞叹一声：她真美！美得成熟而庄重，雍容而典雅，美得大气又从容，

优雅而迷人，美得让任何人都会忘记她的年龄。

人们都赞她美，并不是一句虚无缥缈的恭维，而是实实在在的体会和感受。她的优雅和美丽，在她的一举手一投足里，在仪态、妆容、发型、穿搭这些细节上都展露得淋漓尽致。90 多岁的人，依然身材挺拔，姿态端正；妆容永远一丝不苟，端庄大方。对皮肤的保养也从来没有松懈过，以至于 90 多岁以后她的脸色不仅没有显得憔悴和沧桑，反而愈加白皙细腻，衬着一头浓密的银发，和精心搭配的口红色，真是美得不可方物；衣着搭配也完完全全体现出她丰厚的修养和内涵，任何时候出现在公众面前，都精致而大气，端庄而得体，从来不曾马虎过一次。

这样的优雅和美丽，早已与长相无关，与穿着无关，与年龄无关。这样的优雅和美丽，只会来自岁月的磨砺和馈赠，来自内心的丰厚和美好，来自她走过的路、爱过的人和经过的事。

秦怡上世纪 20 年代出生于上海，30 年代正式进入演艺圈，40 年代凭借在影片《遥远的爱》中的演出成名。建国后成为上海电影制片厂演员。上世纪 50 年代迎来事业的高峰期，先后拍摄了《铁道游击队》《马兰开花》《女篮 5 号》等堪称经典的影片，展现了她过人的表演才华，同时也奠定了她在中国影视界的地位。

从青春到白发，她与银幕结缘 80 多年，一辈子演电影，也一辈子没离开过电影，获得过数不清的荣誉，得到过很多重量级的大奖。2019 年又获颁国家最高荣誉“人民艺术家”的称号。但她从未因此骄傲，更是从未因此而停步，如今 98 岁了，还在不停地表演，岁月不止，表演不辍。

90 岁以后，她还参演了多部影视剧。在电视剧《心术》里客串表演一位病人，依然腰板挺直、雪肤红唇，妆容一丝不苟，雍容华贵，令人惊艳；

她亲笔撰写剧本并自己参演了一部讲述专家和知识分子建设边疆铁路的电影《青海湖畔》，这部电影被第 7 届澳门国际电影节提名最佳剧本奖；

她参演陈凯歌的电影《妖猫传》，饰演电影结尾时织白绫的老宫女，坐在机杼旁，将杨贵妃之死娓娓道来，再现了唐诗中“白头宫女在，闲坐说玄宗”的场景。银幕上的“老宫女”白发苍苍，却偏有一种曾经红颜如花的美丽和威仪，与剧中角色贴合得丝丝入扣，让人叹为观止；

2019 年她又主演了电影《一切如你》。电影里的秦怡，一头银发，一身素雅，眼神淡定，即便坐着轮椅也照样雍容华贵，像一支经历岁月洗涤依然仙姿玉质的兰花，依然美得令人惊叹。

2008 年汶川大地震后，秦怡捐款 21 万元，刚做完腰椎手术后不久就前往都江堰参加上海援建小学的开学典礼。青海玉树地震后，她又捐出了所有的积蓄，她说儿子不在，已无牵挂，把钱捐给那些需要的人。

正是深厚的艺术修养，过人的表演才华，艰辛的人生经历和丰厚善良的内心，造就了她优雅高贵、不同凡俗的气质和美丽。她的美，是穿过风霜岁月之后的从容和淡定，是繁华之后的平和，绚烂之后的平静，是命运面前的坚韧不屈，更是盛名之下的波澜不惊。所以她美得那样雍容华贵，那样端庄大气，那样优雅迷人。她从来不刻意去扮嫩或是装出漂亮的样子，却永远会让人觉得她美得不可方物。这份由内而外散发的雍容气度，真正“惊艳了时光，温柔了岁月，羞愧了命运，灿烂了人生”。

气质是内涵的外现，所有读过的书、看过的诗、念过的词，都会写进我们的气质，潜进我们的灵魂，变成眼底的清风朗月，心中的星辰大海，化为真正的美丽和高贵，帮我们挡住岁月的侵袭。气质出众的女人，都有丰富的内涵。正因为此，她们才会年华虽老，风韵不减，岁月无情，气质永存。

5. 修炼自我，让气质由内而外散发出来

漂亮的容颜会在时间的消磨下，形枯容衰，黯然失色；而迷人的气质却在时间的发酵下，历久弥香，风韵长存。女人修炼出气质，才能成为永恒的魅力女神。

意大利著名影星索菲亚·罗兰在刚刚进入电影界的时候，导演曾经强烈建议她做一下整容手术，把她的大嘴巴改小一些。可是她没有这么做，她认为要想赢得观众，不能只靠外貌，尽管这可能是让其他人立刻记住她的一个重要途径；可是要永远留住观众的心，还是要靠精湛的演技和永不凋谢的气质。再美的女人，看久了也不会觉得新鲜，而时时散发迷人气质的女人才能够永远引人注目。

索菲亚·罗兰没有做任何整容手术，她说："不管别人怎么想的，我都必须以自己的方式相信，我是一个美丽的女人。为了使自己美丽动人，我会勤加修炼。"正是因为这份自信和长期的自我修炼，使她的气质魅力令人无法抵抗。后来她成名了，大嘴巴还真的成了她独特的美，人们记住的是一个有着大嘴巴、稳重自信、气质高雅的女人！

女人的气质不是与生俱来的，女人的气质是在生活中用心磨炼出来的。气质是个人素质的表现，又是各种因素的复杂混合物。构成气质的，有与生俱来的容貌、体质，更有后天的文化素养、审美情趣、价值观念和心理机制等，是从人的"骨子里"长出来的。

所以，聪明的女人并不会太在意自己天赋的容颜如何，也绝少去动刀整容，而是不断地提升自己的内心，涵养自己的气质，她们懂得气质

比容颜更有魅力也更持久。那么，女人如何修炼自我，让气质能由内而外散发出来呢?

首先，要修炼一个良好的性格。女性注意自己的涵养，要忌怒忌狂、胸怀宽广，善理解，能忍让。那些盛气凌人、傲气十足的“铁娘子”，会使大多数人敬而远之。但是温和并非沉默，更不是逆来顺受。相反，温和而坚强的女性，更能得到别人的尊重。培养自己良好的个性，才会成为受人尊敬和爱戴的人。多疑内向的人要去掉多疑嫉妒的坏毛病；骄傲自满的人要收敛狂妄自大的坏习性；简单粗暴的人一定要克制暴躁冲动的坏脾气；谦和稳重的人要避免有呆板平庸的嫌疑。

其次，要丰富自己的内心。气质美的关键不在外表，而在内心。努力把一切外在之美，归之于心灵的、永恒的美的境界，内心丰盈了，气质自然就有了。要多读书、多提升。“腹有诗书气自华”，有了较高的学识修养，心灵就不再感到空洞苍白；有了丰富的内涵和爱好，就不会觉得生活单调无趣。读书写作，可以丰富你的人生阅历，提高你的思维能力。好的学识修养，使你由内到外地散发出一种温文尔雅、不落俗套，娴静、温柔、端庄、大气的韵味，使人感到亲切温暖，让你美丽永久。

第三，要注意自己的形象仪表。穿着尽量得体大方，少穿奇装异服，否则会让你显得不伦不类。穿衣服要会取长补短，展现自己身材的优势，掩盖身材的不足。服饰色彩更要根据自己的肤色和体形来搭配。少穿那些颜色特别夸张的衣服，淡淡的色彩，尽显淡雅清爽，也会让你更有亲和力。发型，也要适合自己的脸型和体型，少弄那些夸张的发型。像那些经典马尾辫，披肩发，长碎发等，很能体现女人的柔美来；浓密的黑发也最能显示东方女性的典雅之美。

第四，要有高雅的情趣。爱好文学可以提高表达能力，欣赏音乐热爱舞蹈，可以让你情感丰富，形体健美；书法绘画，让你神清气爽，韵味绵长。还有园艺，烹饪等，也能使你细致温存，热爱生活。其他如游泳、滑冰、栽花、养鱼、编织、刺绣等，都会使女性的生活充满迷人的色彩。

你不一定要使自己成为艺术家，但你要有一定水准的欣赏力。你应该知道哪一类画是美的，哪一类古董是值得欣赏和珍藏的，哪一类音乐是好的，为什么自然的胜过人工制作的。当你有了这种鉴赏力，你便会知道哪些举止是高雅的，哪些举止是粗俗的；哪些化妆是高级的，哪些化妆是低级的；哪些衣服是美的，哪些衣服是丑的；哪些人的言谈举止是可以仿效的，哪些是必须摒弃的。有了这种鉴赏力，你才有选择力，才有取舍的标准，你才懂得朝哪个方向去雕琢自己，才会明白什么标准是你所要达到的。这是艺术修养，也是帮助你形成高雅气质的必备工具。

当你修炼到一定境界，气质就会在言谈举止的细节上体现出来。说话不再大声喧哗，也不歇斯底里；为人谦和稳重，不卑不亢；做事恰当得体，落落大方；这样的女人就是一个内外散发着香气，闪烁着光芒的气质女人，她们恒久的魅力犹如不灭的星辰，吸引着所有的人。

第二章 温柔善良，美好的气质来自内在的修养

气质说到底，是源于内在修养而表现出来的一种气韵和风度，形于外而驻于心，本性和内心决定外在气质的样子。内心善良，气质温婉；心胸豁达，气质爽朗；自尊自爱，则气质高贵……要想有出众的气质，就先从修炼内心开始。

1. 心地善良，善良的女人气质温婉可人

温柔是女人的天性。温柔像和风细雨，像舒卷的云，像皎洁的月，更像清澈的水。女性之美，就美在似水柔情里。

这种气质，与女人天性里的善良和仁慈密不可分。也可以说是一种母性的本能。毛姆说过“大多数女人天性善良，而且爱慕虚荣。”善良就是女人的本性，是女性本质上就带有的一种柔软而有力量的情愫。

换句话说，有温婉气质的女人，往往都怀有一颗善良的心，因而她们无论是在男人眼里还是女人眼里都特别有吸引力，是一种让人想接近的亲切温和的气质。这种气质看似柔弱，其实却自有力量。

有这样一个故事：有一户农家，女主人是个善良温柔的人，见谁都面带微笑，温和亲切。一天上午，她独自在家时听到有人敲门，打开门一看却让她愣住了：一位彪形大汉手拿一把菜刀凶神恶煞地站在门口。笑容僵在她的脸上，她明白是怎么一回事了，但天性中的善良和柔婉还是让她温言说道：“您好！您是卖刀吗？快请进来。”进屋后，她又马上为他倒茶，把对方像贵客一样招待。

这下轮到本来想来打劫的大汉不知所措了，女人却还热心地看他的刀，出了一个合适的价格，最终男人打消了抢劫的念头，把刀卖给了女人，拿了钱回家了，并再也没有动过歪念头。

温柔的力量竟如此神奇，着实让人意想不到，但女主人的确凭着那温和而亲切的态度打动了一个本打算打劫的男子，让他迷途知返。

一个女人内心善良则神态平和、气质温婉。这正是所有人都会折服

的美好气质。

有一对恩爱夫妻，丈夫赫赫有名，事业兴旺，妻子相貌普通，默默无闻，但两人恩爱有加，羡煞旁人。有人问这位丈夫："你妻子的什么地方最吸引你呢？"丈夫说："小时候我们是邻居，我最爱去她家玩。她比较漂亮，但我觉得她身上最吸引我的地方是她的善良。在我的的记忆中，只要有讨饭的人路过她家门口，她总会把自己积攒的零花钱送给讨饭的人，甚至端一碗热水看着讨饭的人慢慢喝下，她的双眸中闪烁着慈悲的光芒，那个时候的她，在我眼中就像一个降落在人间的天使。人们常说，善良是一种美德；但在我看来，善良更是一种美丽。善良使人美丽，女人因善良而更美丽。我妻子善良的天性是最让我心动的地方。"

善良是女人最宝贵的品德，一个女人再漂亮，再有才能，再聪明，如果具有一颗邪恶的心，她最终只能成为一个恶婆。而天性善良的女人，有温婉可人的气质，有宽厚待人的态度，有仁爱慈和的面容。这样的女人是温暖的，时刻充满着爱，散发着迷人的魅力。

善良不仅仅是自己心灵追求舒适和宁静的方式，也是为周围的人和环境营造美好舒适氛围的方式。一个心地善良的女性，走到哪里都是受欢迎的，因为她能够把那种舒适和谐的气氛带到每个人身边，让每个人享受其中，感受到人生的美好。

善良的女人是美丽的。她们待人谦虚而自信，积极向上而不嫉妒倾轧，欣赏别人的美丽而不自卑，了解自己的长处而不嚣张，勇于负责而不跋扈。这种优良的品德会形成一个女人温婉可人的气质，并产生一种安详高雅之美。

一个内心缺少善良的女人，很难温柔待人，只会粗俗蛮横，飞扬跋扈，如同母老虎一样叫人畏惧，毫无女人味。这样的女人，何谈什么气质？只有内心善良的女人，才温柔而温暖，仁慈而亲和，时刻充满着爱，散发着迷人的魅力。

2. 温柔是从骨子里透出来的柔婉气质

对于女人而言，温柔是魅力的标志。这种温柔不仅是一种态度，也是一种教养，更是一种从骨子里面透出来的柔婉和温和。只要她们站在那里，就会营造出柔婉的氛围，使人感受到人生的美好，并被这种柔婉的气质所深深吸引。

一位女性讲过她遇见的一个最温柔的女人：同事清明的妻子丽丽，长相并没有多出众，眉眼清淡，身材瘦弱，清汤挂面式的发型，干干净净的妆容，却总有一种特别的吸引力，让人移不开眼。刚开始还总觉得奇怪，这么一个相貌普通、略显内向的女人，为什么那么吸引人？相处多一些，才明白，原来是她身上那种柔婉到骨子里的气质，让人无从抗拒。

我们两家熟了以后，经常一起出去玩或一起聚餐，从来没有听见她大声说过话，脸上总有恬淡的微笑，说话永远细声细气，斯文雅致，态度永远温和从容，没见她急过更从来没有见她发过火。有一次孩子调皮把她刚做好的菜打翻了三个，她也只是轻声地说了一句“调皮的孩子！”就去重新做去了。要是我，肯定大发脾气。惹得我丈夫都低声说：“学学人家丽丽吧！”

她对清明就更好了，说话轻言细语，处处尊重有加，清明提出的建议她也大多都会顺从，很少作对。有次同事聚会，吃饭时清明酒喝多了，有点小醉，话就多了起来，人也有点犯晕。丽丽赶紧坐在他身边来，悄悄地扶着他。过了一会看他没事，又悄悄地去泡了一杯醒酒茶来。一帮同事看得羡慕不已，都说清明真是好福气。乐得清明醉乎乎地握着丽丽的手傻笑。

都说女人是水做的骨肉，像水一样温柔，像水一样顺从，更像水一样柔婉动人。那种柔婉的气质，是从骨子里透出来的温柔，看似柔弱无力，却有着让人难以抗拒的魔力。

如同丁香花的馥郁芬芳，轻轻飘过却馨香醉人，又像冬日里的一束暖阳，温暖舒适让人不舍移步。

女人的美貌，只能征服别人的眼睛；女人的温柔，却可以征服所有人的心灵。天生女人，原本就是为了契合男性的阳刚，让这个世界更加和谐美好。若女性丢弃本性的柔和而去像男人一样蛮、野、悍、泼、粗、俗，那么女性的魅力又在哪里？恰恰是温柔如水的女性，能弥补男性的刚硬，与男性的阳刚之美相辅相成，构成和谐美好的两性图景。

天性的温柔不是娇滴滴、嗲声嗲气。娇滴滴、嗲声嗲气是假惺惺，是故作姿态。女人骨子里的温柔是一种高贵的气质，是一种爱自己也爱他人的能力，不是生硬地表演出来的。温柔是真性情，是自然生长出来的本能的东西，它柔情似水，楚楚动人。

女人的温柔是一种智慧和修养。一个女人，善于在纷繁琐事忙忙碌碌中温柔，善于在轻松自由欢乐幸福中温柔，善于在柳暗花明时温柔，善于在关切和疼爱中温柔，善于在负担和创造中温柔，更善于填补温柔、置换温柔，她的人生，一定是温暖而幸福的。

3. 那一低头的温柔里，藏着无以伦比的魅力

诗人徐志摩曾用一首诗来赞美日本女孩温柔的气质，这首诗至今仍流传很广："最是那一低头的温柔，像一朵水莲花不胜凉风的娇羞……"这"一低头的温柔"，写尽了女人那如水一般的温柔和娇羞之状，不但令伟大的诗人倾倒不已，写出了最让人心动的文学经典之一，而且穿透时光，时至今日依然令每一个读到它的人都为之深深迷醉。

那是一种非常微妙的感觉，一双会说话的眼睛，给对方投去一丝柔情脉脉的眼波，妩媚甜美的微笑，轻轻浅浅的低头，都会在心的湖面上荡起涟漪，给人柔柔的、静静的、惹人爱怜的感觉。这一低头的温柔里，藏着多少令人迷醉的魅力啊！

日本女人的一低头，一弯腰，是深入骨髓的温柔，一微笑，一问候，却是刻印在心底的体贴。比如日本航班上的空乘服务员，同样的一套国际化、标准化的程序和规范，却总有一种日本空姐更加温柔体贴的感觉。就因为她们的温柔和微笑更多的出自本心和天然，并非完全是为服务才特意露出的八颗牙，也不是只对乘客才特意表现出的体贴，所以更让人觉得自然和贴心。

在机舱门口迎送旅客，她们不厌其烦地对每一个登机的人行一个又一个鞠躬礼；讲话低声细语，弯弯的嘴角挂着一抹浅笑，水一样的温柔尽在其中。她们给乘客送来水杯后，不会马上就走，而是体贴地问一句："需要我把纸杯带走吗？"航班结束时，她们同样会站在舱门口，对每一个旅客弯腰低头，温柔地道一声"莎扬娜拉"，浅浅的声音，浅浅的微笑，

浅浅的低头，又温柔又恭敬的样子，真让人不舍离开。

温柔是一块磁石，只要你进入它磁场之内，你就不知不觉被它吸引，想躲也躲不开。温柔有一种无形的力量，能把一切愤怒、误解、仇恨、冤屈、报复融化掉。在温柔面前，那些吵闹吼叫、斤斤计较、强词夺理、得理不饶人，显得那么可笑可怜。

散文家朱自清在《女人》一文中对女性的温柔作了精妙的描绘：“我以为艺术的女人第一是她的温醉空气，使人如听着箫管的悠扬，如嗅着玫瑰的芬芳，如躺着在天鹅绒的厚毯上。她是如水的蜜，如烟的轻，笼罩着我们，我们怎能不欢喜赞叹呢？”

温柔是一种足以让男性一见钟情、忠贞不渝的魅力。《红楼梦》中的贾宝玉说过：“女儿是水做的骨肉。”所以人见了便觉得清爽。他把大观园里的姊妹丫环们，都看得像清澈的水一样照人心目，一个个都显得高洁纯真、温柔娇嫩。在他的面前，这些女儿展现了一个有如水晶一般明净的世界，让贾宝玉沉迷其中，无力自拔。

温柔的女人，善解人意，宽容忍让，谦和恭敬，温文尔雅，不仅有纤细、温顺、含蓄的表现，也有缠绵、深沉、纯情、热烈的流露。那芬芳气韵，柔媚的模样，沁人心脾，醉人心肺，没有人能不为之心动！温柔的女人是一幅魅力独具的艺术画卷。这幅画卷里充满优雅淡静的诗意，充满温情含蓄的微笑，充满善解人意的抚慰。没有人会不喜欢这幅画卷，欣赏这幅画卷。

4. 羞涩是一道醉人的风景线

一提“红颜”，谁都知道是指美貌女子而不是男子，那是因为“红”字不仅仅指青春红润，更重要的是指代脸上的那一抹羞色。正如人们把爱情之梦说成是玫瑰色的梦、风流外遇说成红杏出墙、或是风流韵事统称为“桃色新闻”一样。这个“红”，其实都与羞涩的颜色有联系。

羞涩是人类特有的表情，是人类文明进化的产物。任何动物，即使是与人类同一始祖的猩猩，也是绝对不会有害羞的表情的。因为羞耻心是随着道德的发展而随之产生的。随着人类文明的进步、文化的熏染、道德的约束，人的自尊心、羞耻心愈加突出，感到难为情、不好意思的心理活动越来越多地出现在人们感觉里，于是，羞涩也就常常出现在人们的睑上。

历代文人骚客都注意到了女性的羞涩之美，也从不吝啬笔墨描述。

曹雪芹在《红楼梦》中写宝、黛共读《西厢》时，宝玉自比张君瑞，戏曰：“我就是个多愁多病的身，你就是那倾城倾国的貌。”黛玉听了桃腮飞红，眉似颦而面带笑，羞涩之情跃然纸上。古代诗词中也有“犹抱琵琶半遮面”、“和羞走，却把青梅嗅”的描述，和黛玉的桃腮飞红，其神韵是一致的。

西方文化同样也不吝啬对羞颜的赞美。达芬奇的《丽达与天鹅》中，变成了天鹅的宙斯右翅膀抱着欲拒还迎的丽达，丽达面带羞涩，双眼低垂，手抚在天鹅的脖颈上，脸上透着微笑，泛着爱意。还有伯拉克西特列斯的雕塑名作《克尼德的阿佛罗狄忒》和《梅底奇的阿佛罗狄忒》，也是反映女性羞涩美的名作。

印度诗人泰戈尔曾经说，“美的东西都是有色彩的。”老舍也说：“一个女子的脸红胜过任何语言。”据说女子化妆涂胭脂，就是为了能使脸上永远有那一抹含羞带嗔的颜色。因为羞涩之情让女性脸颊绯红，但它往往稍纵即逝，用胭脂妆点出粉面桃腮，就能长期保持女性特有的羞涩美。可见羞色之迷人。试想，一位情窦初开的少女，粉颊飞红，垂目掩面，如初绽之桃花，能不让人赏心悦目吗？

羞涩的女人别具韵味，所谓少女心事总是诗，羞涩是一种爱情的信号，面颊上有如昙花一现般的羞红之美，内心却有永久的快乐与回味。羞涩是一种矛盾的心理，情感既想澎湃又要压制。羞涩是一种高贵的矜持，恬静淡雅，贤淑妩媚，让人难以抗拒。

羞涩也是自尊自爱的颜色。羞涩的女人，哪怕是你不经意看她一眼，都会羞红她的双颊，就像一株敏感的含羞草，让人忍不住就想去碰碰它的叶子，看它羞答答合拢的模样，放不下，有牵挂，永远舍不得离开它！

我有一位朋友曾经讲过他的爱情故事：那时他任一家公司的高管，手下的年轻人晚上经常加班。加班的时候大家都会吃些零食当宵夜。有一天他下去巡视的时候，看到一个女孩正在吃一个苹果，看到他进来，一下子红了脸，赶紧低下了头，刚咬的一口苹果就在嘴里那么含着没有任何的咀嚼动作，一边悄悄将手里咬剩的苹果放回了桌子里。这一幕恰巧被他看到了，给他留下了深刻的印象。

几天后在公司外面又见到了这个女孩，他不自觉地就打了一声招呼，没想到女孩的脸又红了，他忽然觉得自己动心了，为了这个羞红的模样，他觉得这个样子的女孩，太美了。

康德说：“羞怯是大自然的某种秘密，用来抑制放纵的欲望，它顺其自然地召唤，但永远同善良、德行和谐一致。”这样的神韵不仅能刺激人的丰富想像力，甚至使人着魔入迷，如痴如醉。

羞涩不仅仅是一个眼神一个动作一抹红晕，也是内在气质的自然流露。羞涩的女人语言矜持，目光羞涩，总有一种淡淡的欲语还休滋味。

那嫣然一笑的神态，楚楚动人的容貌，总是勾起无限的怜香惜玉之情。当遇到心仪的男人如炬的目光时，她们甚至不敢抬头迎视，只那一低头的娇羞，便更会让男人怦然心动，意乱情迷。

羞涩之色犹如披在女性身上的神秘轻纱，增加了她们的迷离朦胧。这是一种含蓄的美，一种蕴藉的柔情，也是一种女性独有的气质。如一首含蓄的诗，耐人品咂，让人低首轻吟，满嘴沁香。更像一道风光曼妙的醉人风景线，让人百看不厌。

5. 女人味十足的女人风情万种

提到女人味，总是让人有一种心动的、迷醉的感觉，它像一层神秘的面纱，朦朦胧胧的，让人想去探求，去体味，去感受。那么，女人味究竟是什么味呢？我们需要的是怎样的女人味？

过去，每当人们谈到女人味，总是会联想到性感、妩媚，联想到风姿绰约、风情万种，似乎只有这些才是女人味。这是因为一直以来，女人味的评判标准始终都是以男性视角为主导。但是，现代女性们已经有了更广阔的自塑空间，一些未曾完全逝去的传统规范，也早已无力束缚现代女性自由的灵魂。在现代女性勇敢的探索和激发下，女人味的内涵更加宽广和深远。

当代女性的女人味是一种风情，一种从里到外的性感，一种优雅浪漫的韵味。穿着古典的旗袍，发髻高挽，或穿着低胸的吊带，长发飘飘，修腿皙长，美目顾盼，那种妩媚，那种风韵，是来自天使的诱惑，令人为之震撼，为之倾倒。

女人味是一种娇羞可人的姿态。她说话不喋喋不休，做事不风风火火，待人不大大咧咧。凡事有度，略显羞态。那矜持的动作语言，脉脉含情的眼睛，嫣然一笑的神情，仪态万方的举止，楚楚动人的面容，总是胜过于言万语。

女人味是一种神秘莫测的幽香。如仙花吐蕊，芳香神秘，缓慢悠长却动人心弦，不可捉摸却深入骨髓，令人意乱情迷。那一举一动、一言一语、一颦一笑至善至美。似寒梅，清丽孤傲；似玫瑰， 浓香馥郁；似丁香，清秀妩媚；似兰花，淡雅脱俗，卓尔不群。

女人味是一种高雅的修养，是其特有的淡淡的书香。她的亭亭玉立，她的淡雅脱俗，她的文雅高贵，吸引着你去嗅、去闻、去探求、去亲近、去遐思。当然，这种修养不是一朝一夕就能获得，它是博览群书，经过深沉的积淀而形成的。她乐于学习，喜欢读书，文史哲各有涉猎，她还会学学英语，练练书法，学习茶道，学习插花，练练瑜伽。广泛的兴趣爱好，积淀了她丰富的心灵。

女人味是一种情调。有情调的女人，在锅碗瓢盆之外，也会把小家布置得玲珑有致，窗帘桌布，花边流苏，窗明几净。

女人味是一种从容和优雅。她如菊淡定，如兰悠远，妆是淡妆，笑是微笑，言语大方，举止得体。她是春天的雨水，润物细无声；她是秋天的和风，轻拂你的脸庞。她有母性的善良、温柔、慈祥。

女人味是一种内心的娴静之味、淑然之气。但这种韵味不是天生的，而是需要自我修炼得来的。女性懂得修炼自己的女人味，一定会给自己的气质和魅力加分不少。

第一，不管你是白领还是蓝领，待字闺中也好，初为人妻也罢，作为女人的你，永远不要大大咧咧，风风火火。要记住温柔宁静，凡事有度，矜持高贵，永远是最高品位。

第二，外表漂亮的女人不一定有韵味，有韵味的女人却一定很美。所以，妆容要雅致，着装要得体，不是特别需要时，一定不要浓妆艳抹，不要奇装异服。清新、得体、简洁、大方，是气质女人妆扮的首选。

千万别以为“前卫”“新潮”“时尚”“暴露”就有女人味，如果没有自己的风格，一味追求时尚潮流或性感，那不是女人味，而是“怪味”。

第三，仪态风姿一定要美。站要有站相，坐要有坐姿，妆要淡妆，话要少说，笑要可掬，礼要坚守。无论在什么样的场合，都要彬彬有礼，端庄大气。

第四，学会含蓄矜持。大大咧咧不顾小节只会让别人对你产生性别混乱的感觉，而含蓄矜持却能为你带来一些神秘感，也更能激发别人来探索和靠近你的欲望，让你魅力十足。

第五，学会说话。会说话的女人声音温和，语调轻柔，不高声大嗓，更不会咄咄逼人。而是懂得适时退让，善于赞美。这样的女人，当然有魅力又受人欢迎。

6. 性感是另一种魅惑十足的气质

性感，是指某个人身材相貌或穿着打扮、身体动作及内在修养，能够唤醒他人“感性意识认知的魅力美”。“性感”也可以认为是能对他人具有亲和力以致引起他人爱恋的感觉。

性感也是女人的一种气质和魅力，一种能够吸引别人的个人魅力和一份可以恰到好处地展现自我优势的智慧。

社会的开放让很多女性开始大胆追求性感——露胸，露背，露臀。认为性感就是刻意的、最大限度的暴露。这样的性感显然不是真正的性感。如果简单地以为性感就是露胳膊露腿露肚脐什么的，那就真是贻笑大方了。

性感应该是一个人肢体和情绪表达时所散发出来的魅力，并且往往通过一些不经意的动作或表情透露出来，并非外观化、表面化的东西，更不是夏天暴露一点就性感了。性感是一种风度和魅力，一种韵致和气质。性感的女人应该是优雅的、随意的、充满着吸引力的。

比如电影《画皮》里的小唯，一出场即惊艳了众人。拥有绝世容颜的狐妖小唯，裸身裹一张毛毯躺在沙漠的营帐中，那如凝脂一般的肌肤，闪耀着玉瓷一般的光芒，摄人心魄；毛毯下那妖娆性感的美妙胴体，半隐半裸之间，性感之极；那飘忽又妩媚的眼风，顾盼生姿，勾魂摄魄；那随意而慵懒的姿态，柔婉无力，楚楚可怜；那美艳之极、妖媚之极的脸上，却隐隐透出点凄艳单纯之色，让人既有怜惜她的冲动，又有征服她的欲望，魅惑无限，让人无从抗拒，无法抵挡。那样的性感、迷人、魅惑，真的是只有妖精才有的无以伦比的魅力。不仅影片中一大群男人向她蜂拥而来，看电影的观众也不由得被她深深吸引。

性感，是一种魅惑和吸引，却并不是裸露和挑逗，更不是风骚和卖弄，性感是一种气质，一种仪态，一种韵味，是举手投足间散发出来的浓浓的女人味，是不经意间就流露出来的让人难以抗拒的魅惑。

性感是一个形象健康、具有个性的人所散发出来的光芒。“性感”绝不是肉感，更不是暴露，暴露可以表现性感，但露不在多，一点点足矣。半遮半掩，欲露还羞，时隐时现，才能营造出巫山神女般的迷幻意境，才是真正懂得暴露之妙的人。一个人如果本身没什么气质，就算穿得再薄、再透、再露，也不可能性感。性感是很多样的，大到成熟的气质，小到头发和睫毛，都可以很性感。

女人性感更多的来自于女人的韵味。长得漂亮固然重要，这是女人的资本。但光有漂亮的脸蛋，没有韵味也没有吸引力。有韵味的女人一举一动，一言一行都风情万种，她的温柔雅致、含情脉脉、柔情似水更让人欲罢不能。就是很平常的看书的姿势，洗碗的动作，聊天的神态，在有韵味的女人身上也性感十足。高境界的性感，无疑是那种“撩人于无形”、存在于骨子里的性感。

性感是关乎性的感受，涉及性的魅力，因而大胆开放的姿态也是性感的表现之一。比如上身前倾，仰面前视，丰满的胸部沿着乳沟的部分若隐若现，这种姿势几乎已经成了性感的经典，甚至很多世界级的影星都屡试不爽。从20世纪30年代的黛德丽，60年代的梦露，80年代的斯通，到90年代的安德森等性感明星，都选择这个赤裸裸的充满诱惑的样子。这个动作，具有欲语还休的魅力，因为越是神秘，越是具有诱惑力。

现代女人的性感，似乎与性没有多大关系。骨子里散发着性感的女人，不庸俗、不造作、不轻浮、不放荡、不妖媚，她们的性感是自然的、健康的、感性的、优雅的、柔情的。她们的性感是由内而外、从头到脚、甚至是从头发丝儿到脚尖儿散发出来的气质！如果只是用极少的布料，或者相当透明的服装，去让自己显得很性感，那么很不幸，那样只会让你看起来很廉价。

性感不只是美貌者的权利，姿色平庸的女人也可以很性感。媚俗的性感，优雅的性感，引起人冲动的性感，诱人遐想的性感，放诸于不同的女性身上自会散发出不同的味道或产生不同的效果。但是由于每一个女人天赋的条件不同，每一个女人的性感度也不相同。有的女人性感迷人，有的女人却难以吸引别人的眼光，这其中还有一个修炼的过程，聪明的女人会一点点学会提升自己的性感魅力指数。

比如，抛个媚眼。聪明女人的媚眼，无论是忧郁的、迷惘的、缥缈的、懒洋洋的、天真带笑的或眼中藏着火焰的，只要是神韵所及之处，别人就能从她的眼波——那性感的发源地接收到诱惑的信号，尔后，开始向她靠近。

再比如偶尔流露出一点慵懒。看过张曼玉为美容护肤品做的广告吗？一个刚刚睡醒的朦胧女子，多么性感！聪明女人躺在床上的时候，会把急旋风般的脾气收敛起来，只把属于女人的慵懒美态和性感发挥得淋漓尽致。

还可以醉一下，微醺似醉间透露出无数的风情，性感无限。女人大多都是不胜酒力的，但想象一下，在酒精的作用下，女人两颊绯红，嘴角含着醉意的微笑，眼神朦胧而柔和，那该是多么令人销魂的性感和美丽啊！

聪明女人的每个生活细节中都散发着性感的味道，无论穿衣打扮还是举手投足，都能将其魅力淋漓尽致地发挥出来。

7. 越是心胸豁达，越是气质爽朗

有的女人长得漂亮，却心胸狭小，气量全无，遇事斤斤计较，只看到当前，看不到长远；只计较自己的得失，从不管别人的处境，不仅得理不让人，就连理亏也胡搅蛮缠，丝毫不顾别人的感受，鼠肚鸡肠，听不得一句冒犯之言，容不得半点不同意见，谁说她一句坏话，她能终生不忘；谁提她一句意见，她能视为仇敌；她的做人原则是以牙还牙，以眼还眼；疑心特别重，常常无中生有，捕风捉影，一件小事也变大；为人处事一味想占便宜，半点小亏也不能吃。

所以她们很难有雍容的气质和风度。有的只是小肚鸡肠、市井痞气和一身恶俗，到哪里都不受人待见。

小秦长相并不算差，却因为心眼狭小、自卑心重，导致过分的敏感和猜疑，让她不仅越来越没有自信心而且也变得疑神疑鬼，本来很正常的事情到了她这里都有了不公平的嫌疑。公司要求她出差，为她买好了火车票，她认为别的人出差都是坐飞机，这是对自己差别对待，于是闹脾气，不想去，在主管的劝说下勉强去了，心中却觉得大家都对她不公。这种小心眼愈演愈烈，做错了别人指正，她觉得是故意为难她，领导批评她马上用过激的方式反抗，哭闹变成了办公室的常事。大家都对她忍无可忍，

人人都不想和她一起做事，她成了办公室里最不招人待见的人。

小心眼的人，是不可能与大家和睦相处，受大家欢迎的。现代女性要修炼自己的豁达心态，培养爽朗性格，凡事少计较，多为别人着想，杜绝小心眼，才能更受欢迎，也让自己拥有一种大气端正、受人欢迎的气质。

内心豁达开阔，精神就会清澈透明，气质也随之爽朗明亮起来。这样的气质，深受同事的欢迎，上司的垂青，客户的信任，工作顺风顺水，心情明亮快乐。所以，现代女性一定要杜绝小心眼，学会豁达大度。下面这六个招数可以让你杜绝小心眼，保持豁达爽朗的气质。

（1）定下清晰的目标，目标明确的人至少不会让小心眼妨碍自己的宏伟大志。而且有目标的女人本身就有一种大气。

（2）改善与他人的共处方式，提高必要的沟通技巧，减少不必要的摩擦和误会。要顾全大局，不计较只言片语，在非原则问题上能忍让。为人处世，在原则性问题上应是非分明，但在一些非原则性小事上，如果发生语言摩擦，应以大度为要，不要激化矛盾，即使有理也不妨让三分。

（3）接纳他人善意的意见和建议，学会倾听。永远牢记虚心使人进步的道理。饱学之士大有人在，水平高、能力强的人可能就在你身边。对这些才学确实比自己强的人，要心悦诚服地向他们学习，尊重他们。不要嫉妒、打击和排斥。

（4）重视团队的合作精神，享受合作带来的愉悦。主动伸出友爱的双手，为团队加分。对比自己能力强的人，语言要谦和尊重。对资历较浅、能力差或存有一些缺点的人，应语言含蓄，态度诚恳。不要以己之长，量人之短，更不应体现在语言中，对能力差、资历浅的人不应歧视、嘲笑，更不应在人前背后评头论足，而应采取适当的方法善意说明、暗示或转告等，帮助他们改进。

（5）以德示人，做一个有完整人格的人。要保持自己为人的正直端方，不谋私利，不搞阴谋，坦荡做人，清白做事。

（6）永远怀着一颗宽仁和感恩的心，对任何人的帮助表示感谢。工作和生活中难免产生意见分歧，以致发生冲突，要保持清醒的头脑，不要意气用事，不使用过激的语言以免激化矛盾。特别是反对过自己的人，要公正地对待他们,不计前嫌,宽容大度。对帮助自己、对自己示好的同事，要真诚地感谢，报以同样的好意，增强双方的关系，提升自己的人际关系水平。

总之，心胸越宽广的人，气质越爽朗大方，豁达大度。这样的气质让自己危难时从容自如，艰难时顽强拼搏，得意时言行如常，成功时不醉不昏，让他人平生敬意，心怀仰慕。

8. 自尊自爱的女人， 凛然难犯

一位父亲曾这样教育他的女儿："一个男人要变得高贵，那是一件不太容易的事，他要有成功的事业，要有尊贵的地位，要有足够的钱财，要有良好的学识和修养……一个女孩要变得高贵则十分简单——她并不一定要有公主的身份，豪门的背景，华丽的服饰，贵族的教育……她只需做一件事，那就是像花蕾一样把自己严严地包裹起来。就是要和那些不安分的男人保持距离，永远尊重自己的身体和心灵。不管什么年代，不管是东方还是西方，对于两性来说，一个女孩只要凛然不可侵犯，她在男人心中一下就会高贵起来。这个跟什么年代没关系，跟什么地域没关系，所谓新潮的观念都是暂时的。"

这位父亲的教导可谓一语中的。不论任何时代、什么潮流，女人的自尊和自爱，都永远是其高贵的资本和理由。因为自尊自爱的女人，自有一种凛凛不可侵犯的端正和大气，让他人不仅不敢轻视、小看、冒犯，而且还会敬重、景仰。

两个模样都很不错的女生在同一个公司上班，两人的关系也很好，经常一起玩。叫她们A和B吧。奇怪的是，两人的男生朋友却大不一样。A接触的男生，大多作风正派，积极上进，对A也极为尊重。A的男朋友也十分优秀，对她更是疼爱有加，爱如珍宝。

B就不一样了。她的男性朋友大都有一股子油滑之气，男朋友换了无数茬，却一茬一茬全是渣男。

B十分苦恼，求助于A。A问她平时和男生都怎么交往？

B说，都是正常交往啊，而且大多是男生主动找她交往，她很少主动与男生交往的。

那你们怎么聊天？

B打开她的微信，说，也就是正常聊啊。你看，这是一周前认识的一个男生，昨晚的聊天记录。

男：已经冬天了，你一个人睡觉冷不冷啊，我晚上睡觉感觉冷哦！

B：你要是觉得冷的话，就开空调吧！

男：开空调也解决不了心里的寒冷啊，我这是寂寞空虚冷啊！

B：那怎么办呢？

男：要不你给我一点温暖？

B：我怎么给你啊？

男：要不你给我唱首歌吧！

结果，她真唱了，然后男的得寸进尺地说你再给我跳个舞吧！她居然又答应了！用手机录了一段舞，发给对方，还说：我也不太会跳舞，随便瞎跳了两下。

男：哪里啊，你身材真好啊，你穿多大的文胸啊？

她羞涩地说：这个不好告诉你的，怎么问人家这么私密的问题呢？还发了个害羞的表情。

男：现在都什么年代啦，不要这么保守嘛！

后面就更让人无语了，越聊越暧昧，拉拉扯扯，看着辣眼睛。

A不看了，终于明白为什么招惹她的都是渣男了。自己不自重不自爱，没有原则和底线，随意迎合他人，甚至失却自己的自尊，他人又怎么会尊重你呢？

B有些不甘心地说，我只是不忍拒绝别人而已。

A拿出自己的手机说，这个人，就是和你聊天的这个男生，上次来公司时因为工作关系，也加我了。也找我聊天了，你看看我们怎么聊的吧。

男：你好，在干什么呢？想和你聊一会天，可以吗？

A：你好，是工作上的事吗？

男：不是，是我个人想和你聊一会儿。

A：那好，有什么事情你说吧。

男：也没什么事情。就是想聊聊。

A：哦。那没什么事就不聊了吧，该休息了，明天还要上班。

男：是啊，想睡也睡不着。天气真冷。你一个人睡觉冷不冷啊，我晚上睡觉感觉冷哦！

男：开空调也觉得冷。可能我这是心里冷吧，寂寞空虚冷。

男：哎，你睡了吗？怎么不理我了？

A：对不起，我不想听你说的这些。以后请只和我谈工作，不必和我谈别的。祝你晚安。

男：不好意思啊，我说多了，还请你原谅。你放心，以后只谈工作，也祝你晚安。

B看完了，默默无语地放下了A的手机，有些无奈地说，可我总是拉不下脸来，怕得罪了别人，不太好。

A说，你怕得罪别人就不怕害了自己吗？你一味地迁就和迎合他人，看着似乎是好性格好相处，实际上是不自重不自爱，是出卖自己的自尊。你不尊重自己，别人怎么会尊重你？正派优秀的男生哪会垂青这样的女生呢？只有渣男们想从你这儿得点好处，才乐此不疲。越是懂得自尊自重的女生，越会得到男生的尊敬和爱重。所以，你别再这样没有原则地和他们这样拉扯不清了，自尊一点，渣男自然不敢来冒犯你了。

A说得太对了。一个女人，尊重自己，爱惜自己，自然有一种凛然难犯的气质，让人不敢冒犯。

一个女人若表现得轻佻不自爱，必然吸引色狼，因为气味相投；因为色男们若是去找那些凛冽不可侵犯的女人，不但占不到什么便宜，还会出现无法预估的后果，他们不敢！

这个世界上，大多数时候，别人是根据你对待自己的态度来对待你的。“人必其自爱也，而后人爱之；人必其自敬也，而后人敬之”，这是亘古不灭的真理。只有自己先自尊自重自爱，别人才会对你尊敬看重爱恋。

爱自己其实是一件特别重要的事情。在这个世界上，如果我们连自己都不爱，那么我们如何去爱别人、爱生活、爱世界呢？

自爱者，人爱之；自尊者，人尊之；自重者，人重之。一个人如果想要爱别人，就应该先学会爱自己。懂得爱自己的女人，爱自己的身体，爱自己的一切，不和自己过不去，坦然接受自己，自律，自重，自省，自我完善。

《简·爱》的女主人公既无财富也无美貌，但是生活的磨炼和内心的自爱造就了她丰富的精神世界和非凡的气质。她经典的台词：“你以为，因为我穷、低微、不美、矮小，我就没有灵魂，没有心吗？你想错了！我的灵魂跟你的一样，我的心也跟你的完全一样！我现在与你说话，是我的精神与你的精神说话，仿佛我俩穿过坟墓，站在上帝面前是平等的。”

她摒弃了女人天性中的懦弱，勇敢为自己争取平等和尊重。就是这样一个自尊自爱，不卑不亢的女人最终赢得了事业和爱情。

人必自轻而后人轻之，人必自辱而后人辱之。从来没有听说过一个独立、自尊、自爱的女人，会被人欺负、侵犯或是逼到无路可走的地步。

自尊自爱的女人，是理性的、睿智的、大气的。她们不一定是女强人，但她们的内心通常都知道自己想要什么，并且十分坚定。她们的人生观、价值观、世界观都会是一个开阔又自由的视野，绝不会为蝇头小利就失去尊严，失去自我。她们有自己的原则和底线，有自己的信仰和追求。她们懂得自己想要的是什么，并通过自己努力去追求完成，最后收获自己想要的。从来不会、连想都不会想要依靠别人获得什么。因而在她们的身上，自有一种神圣的、不可侵犯的高贵感。

高贵是什么？高贵不是显赫的权势，耀眼的钱财，世袭的爵位，虚假的名声；高贵也不是华丽的外表，浓重的粉饰，道貌岸然的气派，铺张、豪华的排场，更不是靠一时的侥幸、运气获得的虚假荣耀，不是靠巧取、豪夺与造假垒起的昧心财富；不是靠阿谀奉承、趋炎附势摘取的桂冠，不是靠出卖人格、投机钻营骗取的地位，高贵也不是蔑视他人的自以为是，不是趾高气扬的惟我独尊；也不是自我吹嘘的孤芳自赏……高贵是一种凛然难犯的威严，一种睥睨一切的傲然，一种淡看一切的大气，一种只可远观不可亵玩的神圣！

这样的女人，注定是女神。

第二章 心态阳光，心态美好的女人气质明亮干净

心态积极、内心有阳光的女人，热情开朗，磊落坦荡，气质自然干净明亮，让人感受到女性的明丽和美好。而且她们身上那种明朗的气质，有着神奇的、可以感染他人的力量，把周围的人吸引到她们的身边来，让她们平添魅力的光芒。

1. 热情开朗，让内心充满阳光

心里有热情的人，把生活的每一天都当作新生命的诞生一样充满希望，尽管这一天有许多麻烦事在等着她。也许她会摔一跤，把手磕破了，她会想，多亏没把胳膊摔断；也许她会遭遇车祸，把腿摔折了，她会想，大难不死必有后福啊！有这样的心态，她的脸上必然带着微笑，她的眼里一定没有忧伤，她整个人给人的感觉，一定是阳光的，明朗的，开心的，热情的。

因而，她们不仅笑容灿烂，气质明朗，而且命运之路也会铺满阳光。不管处境多么艰难，命运多么不公，时遇多么不堪，她都不放弃去发现人生的美，创造生活的美；无论在哪个年龄阶段，她们都不会放弃对美的追求，不会放弃仰望星光。时光虽然会磨蚀她们的容颜，灵魂的高贵，却让她们的美永远光彩夺目，摄人心魄。

被钱钟书先生赞誉为“最才的女、最贤的妻”的杨绛，经历过一百多年漫长而无情的岁月，却永远有一种优雅从容的魅力。脸上总是有淡然的微笑，心里始终有生活的热情，时间在她这里，似乎也特别小心地收敛了它粗砺的锯齿，轻柔了许多。百岁以后的杨绛，依然眼神清澈，笑容温和。

有人说，杨绛的美，美在气度。于纷繁的俗世，她和谁都不争，和谁都不屑争，如山间静静开放的幽兰，寂然挺立，默然欢喜；也有人说，她美在学识。于时光的原野，读书、写作、生活，修身，自强自律，淡然前行，只问耕耘，不问收获；但我认为她的美，是经历岁月酝酿之后的醇厚和芬芳，是看遍繁花之后的从容、淡定和沉静，是看清生活的真相之后依然热爱生活的勇气。

在《干校六记》中，她记在干校的各种经历，本是苦不堪言的“下放”生活，在她的笔下却并无半点凄苦之意，反倒趣味盎然，意味深长。《杨绛传》里记载，1966 年钱钟书被分配去打扫大院，杨绛则清洗厕所。她仔细看过那两间污秽的厕所，然后置备了几件有用的工具，如小铲子、小刀子，又用竹筷和布条做了一个小拖把，还带些去污粉、肥皂、毛巾之类的东西和大小两个盆，放在厕所里。不出 10 天，污垢重重的厕所被她擦得焕然一新，毫无秽气。瓷坑和瓷盆原是上好的白瓷制成，铲刮掉多年的积污，这样虽有破缺，仍然雪白锃亮。三年后，翻译家潘家洵的太太对杨绛说：“人家说你收拾的厕所真干净，连水箱的拉链上都没一点灰尘。”

1972 年从干校返回北京，住在三里河寓所，一家三口聚在一起，迎来了一段特别幸福而美好的时光。夫妻二人大多时间各自在房间读书写作，却也不忘晨间携手花畔，午后并立窗前，黄昏捧茶相对。女儿也搬来同住，不时承欢膝下，陪伴在侧，一家三口其乐无穷，幸福无比。

她在《我们仨》中写这一时期的生活，让人感觉到了无上的幸福和美好：“我们入住新居的第一个早晨，‘拙手笨脚’的钟书大显身手。我入睡晚，早上还不肯醒。他一人做好早餐，用一只床上用餐的小桌把早餐直端到我的床前。我便是酣睡中也要跳起来享用了。”

还有做活虾：……我很内行地说：“得剪掉须须和脚。”我刚剪得一刀，活虾在我手里抽搐，我急得扔下剪子，扔下虾，逃出厨房，又走回来。钟书问我怎么了。我说：“虾，我一剪，痛得抽抽了，以后咱们不吃了吧！”钟书跟我讲道理，说虾不会像我这样痛，他还是要吃的，以后可由他来剪。

她写女儿回家来与他们同住的幸福：“我们对坐吃晚饭，其乐也融融，因为我们有这么多友人的同情和关怀，说不尽的感激，心上轻松而愉快。三人同住一房，阿瑗不用担心爸爸妈妈受欺负，我们也不用心疼女儿每天挤车往返了。屋子虽然寒冷，我们感到的是温暖。”

可“世间好物不牢靠，彩云易散琉璃碎”，幸福的日子走到1997年时戛然而止。1997年早春女儿钱瑗因患脊椎癌不幸去世。白发人送黑发人，摧心之痛常人实难承受，钱钟书此时正因病住院，一度伤心得全身发抖，是杨绛在他耳边轻轻抚慰他：“没事，我在呐。”这时的杨绛也已经86岁。可是到第二年，钱钟书也离她而去，这世间，只剩下了孤孤单单的她一个人。

这样的伤痛对于已经87岁的杨绛来说几乎是致命的，但她还是顽强地挺了过来，并未因此消沉，她把无尽的思念和悲郁的深情化为一行行文字，写成了《我们仨》一书。在《我们仨》中，她深情地回忆了一家三口的日常生活，普通却趣味无穷的点点滴滴、简单却温馨美好的琐琐碎碎，打动了无数人的心。她在书中写：“1997年早春，阿瑗去世，1998年末，钟书去世。我们三人就此失散了。就这么轻易地失散了。”“现在，只剩下了我一人。我清醒地看到以前当作‘我们家’的寓所，只是旅途上的客栈而已。家在哪里，我不知道。我还在寻觅归途。”让多少人为她的落寞、为她的深情、为她的遭遇落了泪。

即便世间只有自己一个人孤单独行，她依然对生命充满着无限的期望和热情。一直到她去世，她一直在不停地写作。晚年不仅留下名著《我们仨》和散文集《走到人生边上》，还整理了钱钟书留下的几麻袋天书般的手稿与中外文笔记，多达7万余页。

一百岁时，她亲笔写下感言：“我们曾如此渴望命运的波澜，到最后才发现：人生最曼妙的风景，竟是内心的淡定与从容；我们曾如此期望外界的认可，到最后才知道，世界是自己的，与他人毫无关系”。这样的澈悟，大约正是她恬淡一生、优雅一生、美丽一生的源头和底蕴吧。

挡得住命运的坎坷无情，也当得起生命的绚烂繁华，经得住世事的流离辗转，亦享得了岁月的平静美好，世间所有事，都当它是美好和趣味，是温暖和明媚，这样的杨绛，怎么可能不优雅一生、美丽一生呢？

女人有了热情，就能从最琐碎的生活中发现乐趣，热爱平凡的生活；

有了热情，就能从容应对挫折、直面困难；有了热情，就能将被动转为主动，将不利转为有利。拥有热情的女人，永远不会孤单，不会寂寞，不会轻易放弃。所以热情的女人是生活的强者，是幸福和快乐的源泉。

真正的美人，是不惧岁月、不惧磨难的。红尘艰难，她们依然以无限的热情来生活。她们的美并非来自于长得漂亮，而是因为他们活得漂亮。她们是生活的艺术家，懂得在平凡的生活中，调和出最绚丽的色彩。

“人生不如意事常八九”，生活中总会有各种各样的事情发生，没有人可以预料明天会发生什么，但我们可以用好心态做人生的指挥官，让事情向好的方面去发展。每一天，你都可以过得很不快乐，也可以过得很快乐。如果你对生活抱以热情，那么再艰难的生活也会有无尽的快乐，再糟乱的污泥里也能开出花朵。

热情开朗的女人总是面朝阳光，远离黑暗。这种良好的心态和明朗的气质，也会给她们带来幸运，因而人们都喜爱热情的人；对她们也宽容，容易满足她们的要求，她们的人生之路，也就走得更顺当。

2. 自信是气质女人的第一秘诀

气质女人的魅力，有很大一部分来自于心底的自信。浓妆艳抹抹不出气质，华丽的貂皮大衣穿不出气质，珠光宝气闪不出气质，天生丽质也不一定有气质。这些依附在身体表面的东西，只不过是肤浅的装饰而已，心底的自信，才是女人气质的第一秘诀。

因为自信，女人可以把笑意写在脸上，那挂在嘴角的浅浅的笑，足以使她变得从容自若，大方美丽，足以令她光芒四射！

因为自信，女人在为人处事上更从容、大度，不陷入世俗的漩涡中。不会盲目自卑，更不会盲目自大，行事坦荡，落落大方，灿烂的笑里会有一股凛然高贵的气息，让人仰慕的同时又有些敬畏。

因为自信，女人有了无尽的勇气面对生命中的一切挫折和困难，知道前方的路上有荆棘和坎坷，但她不会害怕和畏惧，相反，自信使她更加期待远方的鲜花和微笑，更有勇气去闯荡，去奋斗，去努力。

因为自信，女人更加独立更加自强，不依赖不攀附，不卑不亢，磊落大方，从容不迫，挥洒自如，眼中有安静、祥和、坚定的光芒。不管任何时候，她们都相信自己，自信使她们更美丽、更诱人、更具魅力。

《红楼梦》中女子千娇百态，有诗才双绝的黛玉，圆润玲珑的宝钗，精明泼辣的凤姐……然而她们的结局都不如单薄低调的邢岫烟。

邢岫烟本是邢忠夫妇的女儿。虽然是邢夫人的亲侄女，但却家境贫寒。在万般无奈之下，她们一家人才会前往投奔邢夫人。然而，就是这样一位贫穷人家的灰姑娘最终却成功嫁给了红楼梦中难得的好男儿薛蝌。

为什么看中邢岫烟？这是因为邢岫烟虽家境贫寒，却自有一种乐观的态度。她容貌虽不惊艳出众，却是淡眉如秋水，玉肌伴清风，有一种磊落和爽朗在心中。大雪时分，园中姐妹兴致勃勃因雪而来，个个锦衣华服，在芦雪庵结社作诗，只有岫烟一身素薄旧衣如常，却自信如昔，落落大方。

岫烟作了一首咏红梅花，“看来岂是寻常色，浓淡由他冰雪中。”岫烟的诗作不算是最好的，但是有种干净淡泊的意味，也不输其他姐妹。

岫烟从小与超凡脱俗的妙玉一起长大，机缘巧合下还给宝玉当了一字之师，宝玉赞她是“举止言谈，超然于野鹤闲云。”即使她家境贫寒，但是干净清雅的气质和大方自信的性情，身边的姐妹没有不钦佩她的。

所以她最后嫁给了红楼梦中少有的好男儿薛蝌，一个云淡风轻，一个品性纯良，恰如金风玉露一相逢，胜却人间无数。岫烟的结局，远胜过红楼中那些曾经风光一时的女子。

自信的女人不一定天姿国色，不一定闭月羞花、甚至可能相貌平平，但是，因为那份自信她们瞬间便变得光彩耀人，变得淡雅高贵。因而，无论在哪个场合，她们都是最耀眼的焦点，都会闪耀出自己的气质和美。

但是，自信并非天生的，是由后天培养而来的。正如养花种草，自信也需要经营与培植，是一个漫长而需要耐心的过程。从女人的天性来说，常常容易相信别人，不相信自己。总是在敬佩别人，而不知道欣赏自己。聪明的女人，要懂得认识女人天性中这一弱点，并有意克服它，从而彻底战胜自己，消除自卑，建立自信。

现在有很多女生把自己的天生美貌、家世背景当作自信心的唯一来源，这其实是一个极大的误区。从根本上来说，真正的自信来源于内心的强大，来源于相信自己，了解自己，并且坚信自己一定可以。

如果连自己都不相信自己，那谁还能相信你？如果一个女人觉得自己是美的，她就会因美的愉悦而容光焕发，即使可能对她的身材与化妆加以挑剔，你仍得承认她是美的。女人的自信与沉鱼落雁、闭月羞花的容貌和魔鬼般的身材都没有太大的关联。没有一种力量能比拥有自信更能使女人美丽。自信的女人，总是精神焕发、神采奕奕、昂首挺胸、信心十足地投入到生活和工作当中去。自信的女人不惧怕失败，她能用积极的心态面对现实生活中的不幸和挫折，她会用微笑面对扑面而来的冷嘲热讽，她用实际行动维护自己的尊严。

自信让女人的内心饱满充盈、富有活力，同时外表光彩逼人、洋溢魅力。自信的女人从容大度，舒卷自如，双目中投射出安详坚定的闪亮光芒。正所谓水因怀珠而媚，山因蕴玉而辉，女人因自信而美，而神采飞扬！

3. 心态乐观，笑对一切

一位哲学家讲过："生活像镜子，你笑他也笑，你哭他也哭。"你以什么样的心态对待生活，生活就会还你以什么样的状态。

这是因为，一个人拥有什么样的心态就会有什么样的行为方式，而行为方式又决定着一个人的人生走向。乐观的心态，笑对生活，人生之路就会走得越来越顺利；消极心态，哭着生活，那生活又怎么可能会开心快乐?

其实对于女人来说，美丽和魅力同样如此。如果没有良好心态，面貌再美也会有愁苦之色，不仅美不起来，也难以受人欢迎。你笑对生活，乐观地对待一切，你的气质里也就有了快乐幸福的样子。

舞蹈演员廖智，这个失去双腿却依然欢舞不停、把美和魅力带给无数人的女子，无疑是乐观女人的典范。

2008 年四川省汶川县发生里氏 8.0 级特大地震，家住绵竹的廖智被沉重的水泥牢牢的压住双腿，廖智对婆婆和女儿说，我给你们唱歌吧。她一遍一遍轻轻地哼唱，却再也听不到婆婆和女儿的笑声，倒在她身边的十个月大的女儿，以及她的婆婆都离开了人世。

26 个小时后，在武警官兵和亲人的努力下，廖智获救了，清醒后的她并没有抱怨，她说，我是多么幸运，因为在不断的余震中我的头上的那块楼板正在一点一点的下滑，已经掉下来许多，几乎要贴着我的头皮了，但是，在它砸碎我的脑袋之前我获救了，现在我已经不再激动万分，因为我已经在内心对老天说了一万次谢谢。

之后廖智接受了双腿截肢手术，当时医生问她，你知道什么叫截肢手术吗？她说知道呀，就是把腿锯掉，医生说你能做主吗？她说，当然，我已经23岁。后来由于余震不断，她曾在医院同医护人员开玩笑，我没法挪动了，要是再有余震，你们别忘了把我和床一起推出去啊！

地震破坏了廖智的双腿和家庭，却没有毁灭她的梦想。站起来，让生命舞动起来，她是为舞蹈而存在的。手术后的廖智依然很乐观，每一天都面带笑容，住院治疗期间，乐观的廖智是病房里的笑声担当，她用笑容传递着面对未来的信念和力量，鼓舞着周围的伤员，这种乐观阳光的精神感染了周围所有的医生和伤员。

出院后她继续练习舞蹈。功夫不负有心人，戴上假肢后她重返舞台，参加了在重庆举行的一场义演，在台上的她美丽大方，精神昂扬，精彩的舞蹈赢得了众多的掌声，没有人看出她是一个残疾人。舞到最后，她毅然脱下假肢，全场观众起立鼓掌，很多人热泪盈眶。

廖智说，乐观是一种力量，这种力量可以让人直面任何灾难，在灾难中选择从容，选择坚强。

乐观给予女人一种魅力，这种魅力可以让生命开出绚丽的花朵，绽开在自信的枝头，随着四季的轮回，花开不败，香袭魂魄。乐观的魅力赋予了女人一种力量，这种力量像水一样柔软，像风一样有力。

美国著名成功学家戴尔·卡耐基曾经说过，如果你性格乐观，你的生活必然充满快乐，如果你心存悲观，就会认为事事悲惨，如果你觉得恐惧，就会感受到鬼魅在身边窥伺。生活中有让人快乐的事，也难免会有痛苦的事情发生，女人会不可避免的，遇到种种消极心态的困扰。如果一个女人心情豁达乐观了，那么他就能看到生活中光明的一面。即使在漆黑的夜晚，她也知道星星仍在闪烁。

从来没有一个人的一生是一帆风顺、没有任何坎坷磨难的，女人也是一样，甚至还会有更多的磨难。因而女人更要学会乐观，学会在磨难面前，不胆怯，不退缩，保持乐观的心态勇敢面对，不悲观，更不失望，运用逆向思维，把遇到的挫折看成是为自己积累经验的大好时机，变危难为动力。无论境况怎样糟糕，也应当努力去支配环境，把自己从黑暗中拯救出来。

乐观的人，很少会愁眉不展的，她们嘴角时常向上弯曲，脸上常有笑意，不管任何时候，遇到任何困难，都能笑着面对。

笑对生活，即便生活一团糟，依然可以开心快乐，身陷污泥也不会忘记仰望星空。无论是在工作上还是在生活上都能够应付自如；在面对生活的压力时，会坚强面对。

笑对工作，不论工作上有多大困难，面对怎样的挫折，乐观心态就是一股强劲的力量，可以让女性百折不挠、继续前行，终有一天会走出低谷，重新扬帆起航，并最终跨越千重阻碍，抵达成功的彼岸。

笑对情感，情感失落时，不会自暴自弃，轻易放弃自己，而是不断丰富自己，让自己越来越优秀。她们相信，当自己足够优秀，爱情就会来敲门，当自己全面盛开，蝴蝶自会不引自来。

笑对疾病，在面对病痛的折磨时，也不会轻易投降。她们明白病魔不会因为自己的唉声叹气、惴惴不安而离开，相反，越乐观越会帮助自己战胜病魔，重拾健康。

笑对逆境，多少艰难险阻，也会以笑相待。她们懂得，幸运不会因女人的怨天尤人、郁郁寡欢而垂青她，相反，乐观对待、勇敢改变，会帮助自己摆脱困境，渐入佳境。

乐观豁达、笑对生活的女人，他们眼睛里流露出来的光彩使整个世界都流光溢彩，在这种光彩之下，寒冷会变得温暖，痛苦会变得舒适。无论什么时候，她们都能感受到光明美丽和快乐的生活就在身边。这种性格使智慧更加熠熠生辉，使美丽更加迷人灿烂。

因此，每个女人都应保持乐观的心态，对人生充满信心，每天对自己笑一笑，告诉自己是这个世界上最好的女人，无论在外面遇到什么事情，也要天天给自己笑容，给自己信心，给自己勇气，给自己快乐，也给自己一种乐观的、灿烂的、微笑的气质和魅力。

4. 情绪稳定，外表优雅

情绪稳定，是一个女人最顶级的魅力，最高级的修养，也是一个女人保持优雅的前提。情绪崩溃、歇斯底里的女人，是很难有优雅的气质的。

情绪稳定的人，不会为了一句无心的话发脾气；不会一会上天，一会下地；不会把心里满满的负能量倾泻给周围的人；不会让身边的人都胆战心惊、如履薄冰。和情绪稳定的人在一起，会从她身上感到一种平和愉悦的力量，心情也会因此舒服很多。所以情绪平和稳定的女人，总是更受人欢迎。

相反，如果情绪不稳定，时不时就崩溃失控，大哭大闹，撒泼打滚，怒火中烧，即便有如花美颜，像玛丽莲·梦露一般美丽的女人也没有了半点气质和魅力。有的是让人讨厌、憎恶的样子。

奥斯卡获奖电影《三块广告牌》里面的母亲，就是一个情绪失控的女人。整个故事中几乎火力全开，与警察们正面对峙，不惜与全镇为敌，立起三块广告牌。

在得知牙医对广告牌有异议后，甚至钻穿了他的拇指，就连神父来到家中劝解她撤回广告，她都能用言语极力侮辱并驱逐对方。

当开车送儿子上学被砸脏物，又找不到“凶手”时，她就一个个质问旁边的学生并踢裤裆威胁。

所有莽撞、偏执、冷酷等负面情绪都映照在她的人生里。她的婚姻不幸福。前夫找了个年轻小妞当女友，孩子又因为自己的无心之言间接导致被奸杀，社会关系、工作也因为广告牌变得一地鸡毛，简直糟得不能再糟了。

不得不承认，演员确实演得入木三分，把一个情绪激荡的女人演得活灵活现。但看完电影，我们却不得不叹息一声：可惜了！要是她能控制一下情绪，她的人生会美好得多，她整个人也会美好得多！

情绪化是一种非常暗黑的恶魔，一旦失控有时候会吞噬所有。极度情绪化的人会因为愤怒和自卑在内心积郁太久而爆发，发生一些极端的事件。

随手网上搜一下，因情绪失控导致的惨剧比比皆是：一个35岁女人，刚离婚两天，因为和前夫争吵，一怒之下，她抓起4岁的儿子，从宾馆4楼扔了下去！还有“因婚姻情绪失控男子驾车撞死6人”“女子带电视台工作人员当场捉小三，情绪失控击毙丈夫”“女子因婚姻失意，情绪失控楼上抛砖块，持双刀与警察对峙”“夫妻吵架丈夫拦车被妻子撞亡”……

这都是情绪失控导致的悲剧，失控的情绪真的如恶魔一般，你不控制它，它就会吞噬你。

女人相对更加感性，对周围的刺激更加敏感，所以女人更加容易情绪化。但这不能成为任性妄为的理由。因为情绪化不仅会消耗自己，还会消耗别人。呼天抢地，撕心裂肺，这样的情绪就是一场灾难，让自己的人生鸡犬不宁。

其实情绪谁没有？争吵抱怨、焦虑郁闷、哭闹伤心等，关键看你去如何去应对。情绪稳定的女人，不会轻易流露，即便遭遇负面的事情也不会任由情绪失控，而是冷静面对，理智思考，三思而后再行，从而能作出最正确的决定，也保持最优雅的风度。

拿破仑说：能控制好自己情绪的人，比能拿下一座城池的将军更伟大。真正有教养、有内涵、有气质的女人，都是会控制自己的情绪、保持内心平和稳定的人。这样的人，生活也会掌控得很好，不会轻易被情绪左右，她们的人生也会不一样。

在一位姑娘的婚礼上，新郎的初恋女友来了。在结婚之前，她就知道，他的心中还有她的位置，他的朋友知道，他的初恋也知道。但她知道，那只是一种怀念，她的新郎，还是最爱自己的，要和自己共度一生的人。

只是没想到，今天婚礼之时，他的初恋竟然也来了，那么优雅美丽的样子。作为新娘的她也有一些自卑，更多的是愤怒，心中的怨恨一丝丝地向外冒。但她很快清醒了，这场婚礼自己才是主角，配角多美，多么引人入胜，也无法改变是配角的现实。

于是她压抑住了自己的情绪，从容地向女孩走去，人群中早已有人注意她们的一举一动了。新娘离女孩越来越近，热闹的氛围变得紧张，新郎也紧张起来。

"你好，你是AA吧？欢迎参加我和CC的婚礼，也感谢你带来的祝福。CC曾多次向我提起你，说你很美。今天看见你，真是一个优雅的大美女。"新娘带着笑容真诚地说。

女孩有点不好意思地笑了，嘴角动了很多次，最后，才缓慢地说道："是的。祝你们新婚快乐，你今天很美。"

或许女孩设想过千万种见到新娘后的场景，却没有想到新娘会这样热情而诚恳地来和自己说这样的几句话，也许她原本带了一些小心机，想要让新娘难堪或是其他的什么，但新娘平和的情绪、诚恳的样子，让她完全打消了这些想法。

婚礼进行得很顺利。新娘和新郎在大家的祝福下交换戒指、接吻……一切都完美得很。

后来女孩对自己的闺蜜说，她看见自己丈夫爱着的女人在婚礼出现时，她真恨不得当面骂她一顿，但如果那样的话，真正难堪的是自己。与其带着情绪怨恨着举行婚礼，不如平复情绪，自己主动去和解，让自己显得大方而有气度。

很显然，她是对的。不仅婚礼举行得很顺利，而且结婚后，丈夫彻底地放下了初恋，全心全意地爱她一个，两人生活得很幸福。

试想如果当时她没有控制自己的情绪，任由自己的情绪发酵，那会是什么样的结局？婚礼上大闹一场，不仅会让自己和丈夫颜面丢尽，也会让婚姻埋下巨大的隐患。即便婚姻继续，自己痛快一时，却会伤心一生，任何时候想起这件事情都会伤痛莫名，原本的幸福必然生生断送。所以要学会控制情绪，不让情绪控制自己。下面这些方法可以自我练习，学会调适情绪，保持情绪稳定，让情绪不失控。

（1）适当发泄。情绪不好时，学会适当发泄，比如告诉自己的亲人或知心朋友，找一个没人的地方哭一哭，吼一吼。发泄情感可以让人感觉轻松并减少消极情绪。这是保持良好心情必须的。

（2）学会转移。当火气上涌时，有意识地转移话题或做点别的事情来分散注意力，便可使情绪得到缓解。在余怒未消时，可以用看电影、听音乐、下棋、散步等有意义的轻松活动，使紧张情绪松弛下来。

（3）学会自我安慰。当一个人追求某项事情而得不到时，为了减少内心的失望，常为失败找一个冠冕堂皇的理由，用以安慰自己，就像狐狸吃不到葡萄就说葡萄酸的童话一样。这对安抚情绪很有用的。

（4）冷静十秒钟。在情绪激动时，自己默诵或轻声警告“冷静些”“不能发火”“注意自己的身分和影响”等词句，抑制自己的情绪；也可以针对自己的弱点，预先写上“制怒”“镇定”等条幅置于案头上或挂在墙上。实在忍不住时就在心里默数十个数，让自己先冷静十秒钟，这样能有效地缓解一下情绪。

（5）环境转换法。如果当时当地实在压抑不了情绪，那不妨暂时离开或是独处一会儿，以让情绪平复。

总之，任何时候，都不要做情绪的奴隶，应当学会控制自己的情绪，保持情绪的稳定，保持自己良好的风度和气质。简单的事不争吵，复杂的事不烦恼，发火时不讲话，生气时不做决定。自己能控制好自己的情绪，才能掌控自己的人生。

5. 内心淡定，气质从容

从容淡定是一种心态，一种个性，更是一种人生的境界，是一种成熟之美、智慧之美、从容之美。它来自于心境的豁达与性情的笃定。不浮躁，不张狂，不急功近利，不哗众取宠。凡事顺其自然，就像春华之后，瓜熟蒂落；功成之后，水到渠成。所以这样的女人，自有一种心远自适、淡泊从容的高贵气质。

内心淡定的女人，一切顺其自然，处之泰然。她能理解别人的一切行为，原谅别人无心的过错，尊重他人的选择；不会为一点点的不快耿耿于怀，不会尖酸刻薄，斤斤计较，更不会自寻烦恼，而是宽容一切，善待一切，用自己的豁达和宽容，取得别人的认同，自己的平静。

民国诗人徐志摩的原配妻子张幼仪，虽然没有林徽因的才情，没有陆小曼的风情，但在当时也是有名的大家闺秀。虽不惊艳却也眉眼端正，举止端庄，性格温柔，识文断字。可就是得不到丈夫徐志摩的待见。后来她听徐家的仆人讲，徐志摩在第一次看到她的照片时，嘴角往下一撇，说了一句“乡下土包子”。结婚后对她也始终是冷漠的，从不正眼看她。就算是行夫妻之事，他似乎也只是为了传宗接代，给徐家一个交代而已。

这个时候的张幼仪，脑子里想的是“嫁鸡随鸡、嫁狗随狗”的顺从，根本没想过离婚。料理家务、养育孩子、照顾公婆，打理家中生意，都尽心尽力，老老实实做着徐家的好媳妇。可爱情这东西，不是贤惠就能生出来的。她的贤惠和能干在浪漫的徐志摩眼里，更是看不上的傻气和土气。因为他的心早已另有他属，下定决心要和张幼仪离婚了。

对丈夫的无情，张幼仪既内心伤痛，又要承受来自各方的巨大压力。但她没有吵没有闹，更没有死缠烂打，而是平静地接受了离婚，成全徐志摩的浪漫梦想。自己悄悄带着身孕远赴德国，生下孩子，独立生活，并创立自己的服装公司。后来回到上海，又主政上海女子储蓄银行，在上海银行界崭露头角，名噪一时，成为当时赫赫有名的女企业家和金融界的女杰，富甲一方。这时候的徐志摩，也不得不由衷地佩服这个曾被他瞧不起的前妻。她终于凭自己的能力让自己活出了尊严和高贵。

她从来没有记恨过徐志摩对她的伤害，也从未恨过林徽因和陆小曼，当她知道自己的丈夫因为林徽因要跟自己离婚时，她没有吵没有闹，而是静静转身，淡然离开。当别人说起徐志摩无情时，她会淡淡地说："徐志摩的女朋友是另一位思想更复杂，长相更漂亮，双脚完全自由的女士。"一个女人面对自己的情敌，能公正、客观甚至欣赏地说出这样的话，这样的胸襟和气度，绝非一般女人可以做到的。

更难能可贵的是，徐志摩离世以后，他的继任妻子陆小曼失去生活的来源，生活跌入谷底，张幼仪按期每月寄钱给陆小曼，以解陆小曼的生活之忧。她还精心照顾徐志摩的双亲，直到他们终老。为了让徐志摩的著作能流传于世，她出钱出力，精心策划出版了《徐志摩全集》，获得世人的高度赞誉。

她把伤痛活成了奋斗拼搏的勇气，把怨恨变成了坦然放手的原谅，把经历的一切化作了云淡风轻的豁达和优雅。

这就是张幼仪的气质，宠辱不惊、来去随意，从容、淡定、大气而优雅。

淡定从容是历经沧桑、阅尽浮华、洗尽躁动后的返璞归真，是一种源自内心深处的豁达与乐观。内心淡定，气质就会从容，就会宠辱不惊，去留无意，什么样的危局也能轻易解开，什么样的烂牌也能打出自己的成就来。

淡定从容是一种智慧的沉淀，是一种经历的累积；淡定从容是一种力量，也是一种气度。因为看得透，所以不急不躁；因为想得远，所以不虚不妄；因为站得高，所以不傲不狂；因为行得正，所以不惧不畏。

淡定从容的女人，不会让自己跟着“诱惑”走，跟着“感觉”走，被形形色色的“欲望”和“身外之物”所束缚，为名缰缠，为利锁羁，从来不想一本万利、一夜暴富、一鸣惊人、一步登天。

淡定从容的女人，奋发努力而不盲目蛮干，刚毅果断而不刚愎自用，随大众而不流于世俗，知足常乐又常知不足。失也好，得也罢，不以物喜，不以物悲。只看自己拥有的，不想自己没有的，事事处处从容不迫，处变不惊，临难不慌，镇定自若。在困难面前，不回避，不妥协；在挫折面前，不苛求，不勉强。一切都是那么云淡风轻，平静宁和。

淡定从容的女人生活简单，很少欲望。因为欲望简单，满足感、成就感、幸福感常常包围着她们，所以心中常常盈满喜悦。

这种“人淡如菊”的气质是一种由于内敛而显示于外在的平实、从容和镇定。这样的女人，温和，从容，大气，有着独具一格的清丽，有着无从抗拒的魅力，优雅而高贵！

6. 好气质的女人不嫉妒

嫉妒是心灵的毒药，会腐蚀我们的心灵，毒化我们的灵魂，严重的时候会让人完全失去理智，变得疯狂。特别是女性，因为天性中的敏感和虚荣，使嫉妒之心更甚。有句西方的谚语说“女人是天生嫉妒的动物”，女人心思比较细腻敏感，社会交往相对少一些，这种嫉妒之心也就更多一些。

女人看到别人比自己强时，心里就酸溜溜的不是滋味，于是就产生一种包含着憎恶与羡慕、愤怒与怨恨、猜疑与失望、屈辱与虚荣以及伤心与悲痛的复杂情感，这种情感就是嫉妒。嫉妒者不能容忍别人超过自己，害怕别人得到自己无法得到的名誉、地位，自己办不到的事别人也不要办成；自己得不到的东西，别人也不要得到。

有一个很经典的故事：有一个女人很好嫉妒，有一天幸运地见到了上帝，上帝说："我可以满足你一个愿望，而且还可以让你的女邻居获得你相同愿望的两倍。你许个愿吧！"好嫉妒的女人平时就生怕女邻居强过了自己，一听上帝这么说，女人就想：如果我想要一箱珠宝，她就会得到两箱；如果我想要一栋别墅，她就会得到两栋；如果我想要美丽与智慧，那个丑得嫁不出去的女人就会比我美丽两倍，聪明两倍！不行，我绝不能让她比我强！于是这个女人咬了咬牙说："仁慈的上帝啊，请你挖掉我的一只眼吧！"

瞧瞧，嫉妒就是这样疯狂，这样让人不可理喻！难怪莎士比亚发出感叹："嫉妒，你让天使也变成了魔鬼！"大哲学家培根说过："在人的一切情欲中，嫉妒是最强烈、最持久的。"德国谚语说得更明白："嫉妒是为自己准备的刀""嫉妒能吃掉的，只是自己的心。"

这其实是一种心理缺陷。有这种心理的人总想居人之上，站人之前，不许别人进步，不许别人争先。如果别人取得一些成绩，他就会耿耿于怀；如果别人超过自己，就对别人产生一种怨恨情绪。这也就是说，嫉妒者总希望别人永远不如自己，为此，他们总是行为上损害他人。

所以嫉妒是心灵的毒药，嫉妒之火一旦烧起，后果难以想象。事实确实如此，古往今来，因嫉妒导致的令人扼腕叹息的悲剧和惨剧数不胜数。

莎翁的名剧《奥塞罗》也是一出因妒而恨的悲剧。奥赛罗娶得了美娇娘，是个身份尊贵的贵族女儿苔丝狄蒙娜。苔丝狄蒙娜从奥赛罗坎坷的奋斗史，看见奥赛罗高贵的内心，决定不顾父亲的禁令委身相随。按理说，这样的婚姻何其美满。但奥赛罗身边有一个奸恶小人伊阿古，他气愤奥赛罗重用凯西奥而不是自己，又嫉妒凯西奥能被赏赐，于是决定用奸计同时谋害奥赛罗与凯西奥。有趣的是，这样一个因嫉妒而阴狠的人，选用的奸计也是揭出奥赛罗的嫉妒心。爱嫉妒的奥塞罗上当了，开始嫉妒与妻子说话的每一个男人，并无端猜忌妻子，最终亲手掐死了美丽的妻子，等他悔悟时已经晚了，他也引咎自杀。一段美好的婚姻和原本更美好的人生全部因为嫉妒而毁灭！

当代也一样，有无数因嫉妒导致的悲剧。钱江晚报曾报道，一名13岁的初二女生因嫉妒自己同样13岁的同班同学比自己漂亮，竟然杀死了同学！

嫉妒就象恶魔，使人没有了耻辱，没有了良知，没有了人格，最终会把人毁掉。所以女人要远离嫉妒，保持心灵的高洁和善良，远离嫉妒带来的一切毒害，也让自己保持美好的气质。

那么，女人如何克服这种不健康的负面心理呢？

（1）要有广阔的胸怀，能容忍别人。各人有各人的长处，不能因为自己有所短而害怕别人超过自己，你的业绩也不应该成为别人进步的障碍。对他人任何方面的成绩或进步要抱欢迎的态度。

（2）对别人的成功有一个正确的评价和对待。对于别人的成功，一种态度是嫉妒、贬低、攻击，试图以此抬高自己；一种是无视事实，抱无所谓的态度；一种是奋起直追，“你行我更行”。显然第三种态度才是积极的、自强不息的，这种态度不仅能熄灭嫉妒之火，而且还会发出奋进之光，通过努力，缩小自己与别人的差距。有时候嫉妒心产生往往是由于自己一厢情愿的误解引起的，总是认为人家取得了成就，就是对自己的否定。其实，别人的成功是别人努力的结果，并没有损害你。要看到别人取得的成绩中蕴含着辛勤努力，来之不易，自己应当从中受到鼓舞和教益。

（3）不要用放大镜看自己。如果只看自己的优点，而且看得过重，就接受不了别人挑战的事实，更不能容忍别人超前的优势。在任何时候，把自己看得平常些，就不那么孤高自傲，也不那么争强好胜了。

（4）克服自私，多为他人着想。嫉妒，说到底是极端自私的表现，以自我为中心，不顾及他人，只想自己获得满足，就容易嫉妒而且因嫉成恨，作出一些失去理智之事。消除了以自我为中心的人生观，就能彻底割掉嫉妒的毒瘤。

（5）克服虚荣。英国思想家培根曾发出这样的忠告："虚荣心强的人，最易嫉妒。"虚荣心强的人总是努力地想要超越别人，但自己的实际情况却根本不允许，嫉妒也就油然而生。消除虚荣，嫉妒也就随之消失。

（6）充实自己的生活。在这个世界上，有很多人生活得比你好，比你富有，但是，每个人都有每个人的幸福，你也有他人所没有的快乐。与其嫉妒别人，不如享受自己所拥有的幸福，做好自己的事情。"临渊羡鱼不如退而结网"，羡慕嫉妒恨，不如奋斗努力强，通过自己的努力拥有自己想要的东西，用成绩与别人相比，才是上策。

嫉妒心一经产生，就要立即把它打消掉，以免其作祟。培根说："嫉妒是一种四处游荡的欲望，能享有它的只能是闲人。"如果我们工作学习的节奏很紧张，生活过得很充实，就不会让精力被妒火烧毁。

记住，你嫉妒别人拥有的东西，有时候并不是你真正想拥有的。知道什么才是对自己最重要的，你就不会那么容易成为一个"妒"妇，而会成为一个快乐幸福、拥有甜美笑容的幸福女人。

7. 盲目攀比只会让自己面目可憎

攀比，是虚荣心最典型的表现之一。为了满足自己的虚荣心，想尽办法盖过别人的风头，处处都和别人比，处处都想比别人强。说白了就是一种"红眼病"。

这种"红眼病"如果轻微，倒是好事，可以提升竞争欲望，产生克服困难的动力，使人奋发向上，带动社会进步。但如果太严重，则会成为消极的负性攀比，见什么都要比一比，让自己的思维陷入死角，产生巨大的精神压力，盲目地沉溺于攀比中无法自拔，比来比去只会让自己越比越焦虑、恐慌、沮丧、绝望……最终疯狂迷乱，面目可憎。

32 岁的赵女士在城中心的一间写字楼里工作，是一家策划公司的中层管理人员。赵女士的家庭很幸福，老公是公务员，女儿乖巧听话，在工作上无论遇到什么难题,赵女士都能淡定处理,唯独在一个人面前例外，那就是公司里最爱攀比的同事小李，比来比去，让赵女士苦不堪言。

“其实我俩也没什么深仇大恨，小李人也没什么坏心眼，只不过大家都是好强的人。她离婚了，自己带着一个 7 岁男孩，我负责业务一组，她负责业务二组，她一直觉得我过得比她好，家庭比她幸福，就处处跟我攀比。我们公司离重庆路很近，买东西方便，我只要买一个包，她就一定要买个比我贵的包；我买件新衣服，她就一定要买件更贵的衣服，刚开始我也没在意，后来她处处针对我，我就有心跟她比一比。晒幸福呗，谁不会，后来这事就慢慢变成了习惯，这习惯让我们都受伤不已……”赵女士说。

小李处处要比，赵女士不甘示弱，于是你争我斗、互相刺激成了常态。大家上班都不远，原本没必要买车，而且也都没有这笔开支。但小李拿到驾照买了车后，一切都变了。三天两头刺激赵女士：“赵儿啊，赶紧买台车吧，你看现在谁没车呀！出门多不方便？”那语气让赵女士觉得心中气只往上冒，干脆就较上劲了：“你那台不是 B50 吗，我已经看中了一台 B70，交了订金了……”看着小李脸上忽然变得有些灰暗的样子，赵女士暗自得意，却又有些后悔。其实她并没有买车的支出，碍于面子，赵女士不顾家人反对，一狠心把女儿的上学准备金拿了出来，交了首付，做了车贷。每月工资实发到手里只有 3600 元，每月车贷就要还 3100 元，沉重的债务让赵女士后悔不已：“除了拥有一辆闪着银光的私家车，我的生活完全属于清贫之列，每天睁开眼，想的第一件事情就是还钱，再也不跟小李比这比那了，全家人跟着我一起节衣缩食不说，加油就跟抽自己血似的心跳加速，爱车被蹭就像自己身体受伤似的心疼难受……”

赵女士自嘲地说。

而小李呢？为了盖过赵女士的风头，不惜把刚买的车低价卖了，又借钱买了一台更豪华的车，却因为自己工资有限，不得不在下班后还兼职打工，把孩子一个人放在家里，孩子不小心打翻了开水，严重烫伤……

赵女士和小李的经历正是应了“比来比去，受伤的还是自己”这句话。如果不是执意攀比，赵女士一家的日子其乐融融，小李家也会母子平安快乐。可如今却因为比来比去害得一家不得不节衣缩食“活受罪”，一家孩子受伤不得不住进了医院。

其实生活中类似于赵女士和小李这样爱攀比、并且深受攀比之害的人并不少见。这样的攀比只会伤了他人也害了自己。

不知从何时起，小王总喜欢和别人比较，一旦看到别人比自己好，心里就酸溜溜的。比如同事花2000元买了一个名牌包，她马上花3000元买了个更好的；同学买了新手表，自己立马买了一个更高档的；表哥买了新车，她也很眼红，但经济条件又不允许，于是借钱也买，买完再还债，弄得她苦不堪言。

比衣服看看谁的更漂亮时尚，比手表看看谁的更名贵，比长相看看谁更迷人更漂亮，比车子看谁的更豪奢，比孩子瞧瞧哪家更伶俐聪明……还要比财富比地位比爱情比老公比……一切。比来比去，哪有完美的人生？比来比去，只会越比越灰心，越比越痛苦，越比越难受，越比越受伤，越比越绝望，越比心理上越不平衡，越会产生消极抱怨的心态，何益之有？

盲目的攀比只会催生出虚荣心，而虚荣心最容易让人沦入浅薄和庸俗之中，即便是胸有大志之人，在虚荣心的驱使下，也会陷入其中难以自拔。让本来心灵高贵、行事优雅的女性也变得俗不可耐，稍有一些优势就炫耀不已，比不过时又嫉妒无比，心生怨恨，并且做出各种恶俗的事情来，让人唏嘘。

因为虚荣，让她们只看重表面的穿着打扮却不重视内心的充实和修养，只重视外在的物质条件却不关心内在的人品性格，只以金钱论成败，只把名利当标准，为了满足自己的虚荣心，为了所谓的“面子”，不惜弄虚作假，炫耀自夸，甚至自甘堕落，不惜牺牲自己的尊严和自由，出卖自己的青春和灵魂，最终完全毁掉自己的生活。这样的女性，何有成功之说？何来幸福可言？只会让自己越来越庸俗，越来越浅薄，越来越面目可憎，行为可恶。

所以聪明的女性，一定要远离盲目的攀比，不要过于虚荣。周国平在《我心中的好女人》一文中说："虚荣难免，有一点无妨，还可以给人生增添色彩，但要适可而止。"一点点虚荣心可以成为上进的动力，但过分的虚荣就像化得过浓的妆容、戴得过多的饰物和五颜六色的打扮，实在是俗艳得让人厌烦。睿智的女人是不会让自己被虚荣收服、跌进庸俗的陷阱中的。

8. 爱抱怨的女人都有一张愁苦的脸

生活中有很多女人都特别爱抱怨，无论自己生活得如意还是不如意，她们都可以找到抱怨的理由，不怨天气就怨人，不怨上司怨同事，不怨丈夫怨儿女，怨气冲天，怨声载道，好像这个世界都欠她似的，没有一天过着舒心的日子。

这样的女人，不论天生的容颜有多美，最终都会长成相同的模样，那就是一张愁苦的脸，一副怨毒的神情，一种令人厌憎的气质。我们看鲁迅笔下的杨二嫂，就明白了。

在《故乡》中，杨二嫂的出场是这样的：

"哈！这模样了！胡子这么长了！"一种尖利的怪声突然大叫起来。

我吃了一吓，赶忙抬起头，却见一个凸颧骨，薄嘴唇，五十岁上下的女人站在我面前，两手搭在髀间，没有系裙，张着两脚，正像一个画图仪器里细脚伶仃的圆规。

我愕然了。

“不认识了么？我还抱过你咧！”

我愈加愕然了。幸而我的母亲也就进来，从旁说：“他多年出门，统忘却了。你该记得罢，”便向着我说，“这是斜对门的杨二嫂，……开豆腐店的。”

哦，我记得了。我孩子时候，在斜对门的豆腐店里确乎终日坐着一个杨二嫂，人都叫伊“豆腐西施”。但是擦着白粉，颧骨没有这么高，嘴唇也没有这么薄，而且终日坐着，我也从没有见过这圆规式的姿势。那时人说：因为伊，这豆腐店的买卖非常好。但这大约因为年龄的关系，我却并未蒙着一毫感化，所以竟完全忘却了。

然而圆规很不平，显出鄙夷的神色，仿佛嗤笑法国人不知道拿破仑，美国人不知道华盛顿似的，冷笑说：“忘了？这真是贵人眼高……”

“哪有这事……我……”我惶恐着，站起来说。

“那么，我对你说。迅哥儿，你阔了，搬动又笨重，你还要什么这些破烂木器，让我拿去罢。我们小户人家，用得着。”

“我并没有阔哩。我须卖了这些，再去……”

“阿呀呀，你放了道台了，还说不阔？你现在有三房姨太太；出门便是八抬的大轿，还说不阔？吓，什么都瞒不过我。”

我知道无话可说了，便闭了口，默默的站着。

“阿呀阿呀，真是愈有钱，便愈是一毫不肯放松，愈是一毫不肯放松，便愈有钱……”圆规一面愤愤的回转身，一面絮絮的说，慢慢向外走，顺便将我母亲的一副手套塞在裤腰里，出去了。

从鲁迅的叙述中可以看到，年轻时的杨二嫂，那是绍兴街头一个最美的女人。鲁迅虽没有细写，但“豆腐西施”的名头、“因为伊，这豆腐店的买卖非常好”的传言，鲁迅记忆中“擦着白粉，颧骨没有这么高，嘴唇也没有这么薄，而且终日坐着”的娴静模样，都足可以想见年轻时的杨二嫂必是美人一个。

但是 30 年后，曾经美丽的杨二嫂却变得完全失了风采，没了美貌，成为了一个抱怨不停、尖酸刻薄、一心想占小便宜、可厌可憎的市井怨妇。

美丽的脸庞也被怨气沾染，变成薄嘴唇、高颧骨、吊梢眉的愁苦刻薄之相。

其实有很多年轻时曾经美貌的女人都像杨二嫂一样，年纪增长容颜像被整过容一样完全不复当年的样子，到了老年更是一副愁苦怨毒的模样，像个黑巫婆一般让人生厌。一个最大的原因，就是爱抱怨，内心刻薄，为人尖酸，没有在岁月中修炼一颗宽厚善良、温和仁慈的心。

试想，如果杨二嫂为人再厚道朴实一点，心中的怨气再少一点，心胸再开阔一点，别再那么刻薄怨恨、那么奸滑小气，她应当是一个虽然皱纹满面却慈眉善目、温和慈祥的老太太吧？如果是这样的杨二嫂，应当比细脚伶仃的圆规样的杨二嫂让人喜欢得多，也受人尊敬得多。

很多女人爱抱怨，不是抱怨父母，就是抱怨老公，或者抱怨公婆，嫌这嫌那的，抱怨工作，抱怨生活，抱怨公司、抱怨老板、抱怨同事、抱怨工资、抱怨客户、抱怨压力、抱怨批评、抱怨薪水太低付出太多、抱怨考核制度不公平、抱怨管理混乱、抱怨领导独断专横、抱怨没有一个好老爸、没嫁个好老公、抱怨自己家的孩子没有别人家的聪明……好像世界上就只有她是最不幸最倒霉的人，没有什么是她不抱怨的，似乎不抱怨她就没法过日子。

可是抱怨有用吗？抱怨能解决问题吗？抱怨能使你摆脱现状吗？抱怨能使你的工作、学业、家庭越来越好吗？抱怨能使你快乐起来吗？

什么都不能！抱怨不能解决任何问题，抱怨没有任何用处，抱怨只能让自己越来越不快乐，只能让生活越来越不如意，意志越来越消沉，工作越来越差，生活越来越糟……抱怨只会让你心中更加痛苦！

小区里有一位生活得很糟糕的女人，经常来奶奶的杂货店买东西，偶尔也会坐下来聊聊天。每次奶奶都会问她，“今天怎么样，小杨？”

这个女人总会一成不变地长叹一声说道：“唉，不怎么样，还能怎么样？我那该死的老公又出去喝酒去了，你看看，天气这么冷，这种鬼天气，真要命啊！孩子的冬装还没买哩，该死的老公一点也不会操心！”一抱怨起来她就会没完没了。

不仅仅是在奶奶这里抱怨，她走到小区的任何地方和任何人聊天，一开口就是抱怨，久而久之，大家都对她敬而远之，不再爱搭理她，她家的老公和孩子也都不愿在家呆着，因为懒得听她的抱怨。家中常常冷冷清清，毫无生机。这让女人的抱怨更深，可无论怎么抱怨，这样的境况毫无改变，反倒越来越糟糕了。

抱怨就像一种慢性毒药，让我们的大脑中毒的同时，我们的人生态度、行动也被“抱怨”这种强烈的毒性感染，陷入了抱怨的泥潭，无法自拔，在庸常生活的抱怨中，找不到灵魂的出路，囿于抱怨的牢房，让自己的生活越来越糟糕。这样的女人，有什么幸福可言呢？

抱怨太多的人，嘴角会下垂，因为她们总用一种消极、悲观的态度去面对自己的生活，面对生活中的人和事，天天唉声叹气，愁眉苦脸，久而久之，再漂亮的人也会添了愁苦之相，还谈什么气质和风度呢？

女人的气质是由内而外散发出来的，内心什么样，外在的气质就会是什么样。所谓“相由心生”，怨气太重、抱怨太多的女人，都有一张刻薄而愁苦的脸。相反，那些心态良好，远离抱怨的人，即便再残酷的现实，她们也能从中找到好的一面，并从这好的一面开始，让自己的生活改变，尘埃里也能开出花朵来，相貌一般的人也会越来越有风度。想要有好的气质，还是要摒除抱怨、消除心中的怨气才好。

网上有段话说的好：生命是一首动人的歌，抱怨是其中不和谐的噪音；成功是一条长长的路，抱怨是路上一块绊脚的石头；幸福是一位痴痴恋着你的情人，抱怨是一块阻挡你发现幸福的布。聪明的女人不会抱怨，而是努力地改变心态，改变现状，让心灵更高洁，让生命更动人，让自己更美好，也让幸福离得更近。

9. 知足常乐，平常心造就好气质

知足常乐的女人，内心平和，外表娴静，自有一种恬淡从容的美好气质。不知足，就很容易陷入贪婪的深渊，不仅享受不到生活的乐趣，还会给自己带来灾祸。老子在《道德经》中说：“祸莫大于不知足”，讲的就是知足常乐的道理。

不懂知足，则会贪婪，贪婪，则会多祸。俗话说欲壑难填，人的欲望是无止境的，一种欲望满足了还会有更多的欲望滋生，若欲望太多太高，则永远得不到满足和快乐。不懂得知足，是很可怕的心态。清代胡澹庵的打油诗《不知足》，把这种可怕描述得活灵活现：

终日奔忙只为饥，才得有食又思衣；
置下绫罗身上穿，抬头又嫌房屋低；
盖下高楼并大厦，床前缺少美貌妻；
娇妻美妾都要下，又虑出门没马骑；
将钱买下高头马，马前马后少跟随；
家人招下十数个，有钱没势被人欺；
一铨铨到知县位，又说官小势位卑；
一攀攀到阁老位，每日思想要登基；
一日面南坐天下，又想神仙来下棋；
洞宾与他把棋下，又问哪是上天梯；
上天梯子未做下，阎王发牌鬼来催；
若非此人大限到，上到天上还嫌低。

看看，不知足的人，即便宜给他天下所有的一切，他还是不会满足的，还会贪心不足，还会不断攀比，和皇帝比了还要和神仙比，和神仙比了还要和佛祖比，永远没完没了。所以，有聪明人看透了这一层，也作了首小诗警醒世人：

世人若要离烦恼，当念知足福满门。

你若不与人攀比，一生清闲安乐命。

知足福满门，知足常乐，知足就有清闲安乐命！不知足则永远劳苦、永远不安、永远享受不到幸福！

知足，就是对现有的生活或者状态感到满足，不去刻意地和别人盲目攀比，时刻保持一种平和的心态。但很多人却总是“在这山望着那山高，在那山又觉得这山耸”，殊不知，其实两座山是一样的，只是自己永不知足的心在作怪罢了。

不知足的人，看似一生都在孜孜追求，最终却依然两手空空，什么也没有得到。因为计较得太多，冲淡了自己的获得感；因为永不满足，获得再多也依然烦恼，依然焦虑，依然痛苦。气质上也就有一种焦燥和忧虑显现出来，少了从容，少了大气。

人要懂得知足。这个世界上最大的幸福不是你拥有多少钱，也不是你住多大的房子，开多贵的车子，而是你要懂得知足，懂得知足的人才能过得幸福快乐，不懂知足，哪怕你拥有再多也不会觉得快乐。

知足就是福。有智慧之语说：“学会珍惜，懂得知足，才不会有过多的贪欲，你的生活才会随遇而安，你的心情才会豁然开朗，气质也才会从容大方。”女人学会珍惜和懂得知足，保持一颗平常心，笑对风霜，淡看得失，好好珍惜己拥有的，不去奢求没有的，拥抱所有，知足惜福，内心安宁，工作就会快乐，生活就会精彩，气质就会从容。

第四章　浸染书香，腹有诗书的女人气质自然高华

“腹有诗书气自华”，现代女性的知性和优雅，都源于书香的浸润和熏染。胸无点墨、谈吐粗俗、举止无拘的女人，即便有如花之貌也不会有气质。要想有高华的气质，读书无疑是最根本的路途，因为书香浸染过的灵魂，自有一种兰心蕙质的芬芳。

1. 你的气质里，藏着你走过的路读过的书

一个人的容貌是天生的，气质却是后天修炼而成的。这份气质不仅源自岁月的馈赠，更源自你所有经历过的一切。迈克尔·柯蒂斯导演的经典电影《卡萨布兰卡》中有一句经典的台词：你现在的气质里，藏着你走过的路，读过的书和爱过的人。这就是气质的真谛。

真正的气质，不是天赋的美丽，也不是不老的容颜，而是经过岁月沉淀之后展露出来的灵魂里的从容、华贵和大气。

你走过的每一步路，在里面；你看过的每一本书，在里面；你爱过的每一个人，在里面；你经历过的每一件事，你雕刻过的每一段时光，你认真演绎过的每一个故事，也在里面；你曾经的挣扎与放弃，曾经的奋斗和拼搏，曾经的悲伤和喜悦……统统都在里面。

集万千经历于一炉，在岁月中沉浮、融合、积累、发酵、沉淀，然后升华，才成就了这样的气质。越来越多的气质美女，用自身大气雍容、温雅美好的气质，实力诠释了气质的真谛。

101岁依然还在画画的“摩西奶奶”，是20世纪闻名全球的风俗画画家，在美国是妇孺皆知的励志人物。一百岁时依然笑容灿烂，恬然自得。她在她的百岁感言《致我的孩子们》里说：“我在今年已经步入百岁之列，当我回首去看的时候，我的一生如同是一天，但是在这一天中我是拼尽全力让自己开心和满足的。我不知道更加美好的生活是怎样的，我能够做到的只是尽力去接受生活所赋予我的，让每一个当下都能够是完美无缺的。”

“人的一生，匆匆而过，回顾过往，日子比想象中过得还要快……我今年已经100岁了，我的孩子们，我多么想守护你们一世安稳，愿你们被世界温柔以待，但是我知道我无法做到。我所希望的是，你们能够知道自己真正喜欢做的事情，能够找到一个情投意合的伴侣，孕育一两个可爱的小生命，淡然且从容地度过每一天。”

“人生不易，当年华老去，身体渐渐变得力不从心，我的孩子们，希望你们在回望自己的一生时，会因为自己曾经真切地活过而感到无悔，从容淡定地度过余生，直至死亡来临。”

这真是智者留给后人的箴言，更是一位沧桑老者回望一生后最明慧的彻悟！从中我们也可以看出摩西奶奶曾经走过的丰厚人生。

“摩西奶奶”，原名安娜·玛丽·罗伯逊·摩西，出生在纽约州格林威治村的一个农场。27岁时，摩西奶奶嫁给与她在同一农场工作的托马斯.萨蒙.摩西，之后生育了10个孩子，她一直不停地做着照顾孩子、挤牛奶、擦地板、做饭洗衣服、做蔬菜罐头.....等各种琐事。

一直到她76岁这一年。

这一年的摩西奶奶虽然身体依旧硬朗，劳作不辍，但严重的关节炎使她的手指疼痛，不能拿起针线做活了。为了锻炼关节，摩西奶奶想起了自己曾经遥远的绘画梦，她买来了画笔和颜料，开始画画。

一生穷居山野，看尽山野风景，也阅尽山野人情。虽然从来没有进过美术学校，但凭借过人的天赋和对自然的颖悟，她的画充满了不可思议的灵气和哲思，被称为原生态美国风景画，并迅速为大家所接受，摩西奶奶也成了家喻户晓的传奇奶奶。

之后她一直画画，直到101岁去世，留下了1600多幅油画作品，其中二十多幅是在过完100岁生日之后的画作。纽约市的一家艺术画廊举办了她的个人画展，引起巨大的反响。

100岁时的摩西奶奶已经很老了，但却没有一个人觉得她老，只觉得她风采超人，气质不凡，完全不敢想象这是一位曾经在田野里劳作了大半生的农妇，只会觉得她恬静、温和、智慧又从容的样子，真的很美。

真正的美人，从来不会迟暮。因为年龄只会打败容颜，却永远战胜不了气质。气质是一种超越美貌的存在。美貌会跟着年龄而衰退，气质却会与岁月一起沉淀，一起变得纯粹，变得熠熠生辉。

这种气质，不依托于美貌，也不凭借年轻。如果过于仰仗外在，灵魂之光还怎么散射出来？这样的气质，只来源于岁月经久的磨洗，以及自己对抗岁月的经历。

木心说，岁月不饶人，我亦未曾饶过岁月。时间对每一个人都是公平的，当生命走过，时间为你留下的是沧桑还是魅力，全在于你自己。你不曾慢待过时间，那么时间也不会慢待于你。

你走过的每一段路，沿途的风景都会教你处事不惊，淡看春花秋叶，化为你恬淡处世的心境；你看过的每一页书，都会沉入你的灵魂，一点一滴的积累过后，变为你自己的气质谈吐；你经历的每一件事遇见的每一个人，都见证了你与岁月相随相伴的每一个瞬间，教会了你与世界相伴的秘诀，最终化为你世事通达的慧悟……

它们都深藏在你的气质里，晃动在你的举手投足间，氤氲在你的一言一行中，悠然在你转身回眸的浅笑里。

它们让你和岁月一起成长，岁月越长，你越自信、优雅、从容而无畏。

2. 书香是知性气质的不竭源泉

女性的知性气质，被认为是优雅的代名词。

可究竟什么是知性气质呢？这并没有一个固定的解释。因为这样的气质，原本就是十分“形而上”，说到底是一种感觉而已，实在难以具体描述；再加之包涵的内容太多，除了艳俗之外，几乎其余形容女性美好的内容，都可以在知性的范围内，如娴静、恬淡、成熟、理智、温和、智慧、优雅、从容……等。

说简单点，所谓知性气质，就是一种书香气，指一个女人由内在的文化涵养而外露出来的一种娴静斯文却坚定自信、温柔亲切却自有力量的一种气质。是优雅、贤淑、柔静的女人味道，是内在人格、文化修养、品位、涵养和美好情趣的外在表现。这种知性的美、这种优雅和高贵，是需要一定的文化底蕴、一定的修养层次、一定的人生阅历，一定的历练和经历，才能烹调出的醉人味道。

知性气质给人的感觉是，温文尔雅，不卑不亢。这样的女人，貌不用倾城但一定是耐看的，学不必五车但一定是有修养的，财不必丰厚但一定是能经济独立的，位不必很高但一定是受人尊重的。

要涵养出这样的气质，非读书不能达到，书香就是好气质的源头活水。长期与书相伴，拥书而眠的女人，浸润濡染了书香，身上自然而然就有了书香气，有了与众不同的风雅韵味。

所谓“腹有诗书气自华”，一个爱读书、愿读书、会读书的人，不论长相如何、穿着如何，久而久之，其高雅清俊之气都会从内而外、自然而然地焕发出来，让这个人显得气度高华，不同凡俗。女人有这样的气质，三分长相也能有十分的风姿，如若容颜艳美，必然倾国倾城，成为众人心中的女神，成为一道永恒的风景。

林徽因是中国著名建筑师、诗人和作家。著有散文、诗歌、小说、剧本、译文和书信等，代表作《你是人间四月天》《莲灯》《九十九度中》等。其中，《你是人间四月天》最为大众熟知，广为传诵。

看林徽因的照片，可以看出少女时的林徽因虽不是那种艳压群芳的超级美女，却也是五官姣好、眉目清秀，婉约的气质中透着一股恬淡的书香气，白衣素裙，已然足够显眼。留学美国时一位美国女孩评价她“一位高雅的、可爱的姑娘，像一件精美的瓷器。”

成年后的她更添韵味，温文尔雅、卓然不俗的气质让人一眼惊艳。

泰戈尔访问中国时，林徽因与徐志摩左右相陪，俊男美女、卓然如仙的样子，让多少人为之倾倒！

中年以后，虽然岁月留下了时间的痕迹，但她的气质依旧独特。从照片上看，温雅斯文中似乎又增添了几分爽朗英气，把知性美好的气质更加衬托得几近完美。

这样的林徽因，自然担得起倾国倾城的评语，担得起诗人名流的崇拜和仰慕，也担得起万千后人的追思、缅怀和景仰。

爱读书的女人，身上才有这种文雅清俊、不同俗人的知性气韵，因为读书使她的境界高了，胸襟广了，内心静了，脸上自然透露出一股清爽干净、高贵从容之气，这样的韵味绝不是遍身罗绮或是一夜暴富的人所能有的。这样的气质就是中国人最为推崇的“书卷气”，这种“书卷气”让女人如深谷幽兰，清香自远；如枝头百合，清新明丽；如经霜秋菊，宁静淡然。

林徽因卓尔不凡的气质，与其说来自内心的修养，不如说它来自书香的浸润。浸润得越久，越能展现出一种浓厚的书卷气，温文尔雅，书香馥郁。这绝不是一张美艳的脸、一副美妙的身材就可以拥有的。

2019 年，网上有人用 AI 技术修复了一张林徽因 16 岁时的照片。修复过后的“林徽因”乍一看是美的，拥有深邃的眼窝、精致的鼻尖和几乎堪称完美的脸型及五官分布。

但网友们却完全不认帐，纷纷吐槽“咋和本人根本不一样”“不一样的好看，但是绝对不是这么现代化的长相”“感觉修出了一张网红脸”“我咋觉得画风不太对？”因为修复后的林徽因美则美矣，却完全脱离了人们心目中那个仙气飘飘、书香馥郁的女神形象。

真实的林徽因的脸上更多的是体现着东方美人独有的温婉清秀。最重要的是，林徽因并不需要靠精致的五官来支撑颜值，因为她的美三分在五官，七分在气质。林徽因从骨子里散发出来的温文尔雅、书香馥郁的脱俗气质才是拔高她颜值的关键。

书香气是最美的气质。拥有书香气的女人，都有这种知性优雅的大家气度。安静不张扬、娴雅不媚俗、雍容不清傲，不被外界因素所干扰，不被世俗眼光所侵蚀，这就是书香浸润出来的美。她们像水一样的柔软，似风一样的迷人，如花一样的美好。

诗人歌德说过“读一本好书就是和许多高尚的人谈话。”书籍的熏陶，使女人宛如山谷中的百合花，吸收着天地之间的精华开出洁白动人的花，散发出诱人的清香。常伴书香的女人显得更加端庄、高雅、自信、大方，常伴书香的女人就像澄净蔚蓝的天空、自在舒展的云朵一样，透明不做作，温柔而不软弱。

如果不读书，世界在女人的眼里就只有柴米油盐，只有蝇营狗苟，只有粗陋和低俗，只有不停的劳作和满心的疲累。就无法以一颗敏感的心去感受山川草木的大美，领悟四季轮转的哲理，触碰高尚伟大的灵魂，就必然俗不可耐，生活了无意趣，更别说优雅知性了。

台湾作家林清玄在《生命的化妆》一书中谈到女人化妆的三重境界，其中的第三重就是多读书，多欣赏艺术，多思考，充实心灵，陶冶心灵……林先生真是一个懂得女人之美真谛的人啊，女人之美最根本的源头，是读书。正如我们前面所说，一个人的气质里不仅有看得见的身材相貌，仪态仪表，更有看不见却深藏其中的走过的路读过的书。而最为关键的，是你读过的书。

被书香浸润的女人是知性的，她们充满智慧与热情。她们勤于思考，冷静而理智。她们能在纷繁复杂的无序中理出头绪，抓住问题的症结，找出解决问题的方法。她们以聪慧的心，以宽广质朴的爱，善解人意的修养，将美丽写在心灵上。

被书香浸润的女人是美丽的，即使不施脂粉也显得神采奕奕、风度翩翩。读书的女人，在生活中从来不是引领时尚的新新一族，她们幽静美丽的生命，在阅读中绽放光华。她们学识越来越丰厚、思维越来越睿智，举止越来越斯文，内心越来越从容，气质也就会越来越优雅。

被书香浸润的女人是豁达的。读书的女人笑容自信、慈爱，为人宽容、大度。热爱自己的事业，呵护自己的家庭，尊重自己的亲朋好友。

她们懂得如何真实地爱，如何有品位地去生活，“上得厅堂，下得厨房”；读书的女人喜欢独处，懂得思考，享受命运带给她的种种，对寂寞有自己不同于常人的理解。勇于追求自己想要的，但明白淡泊以明志，宁静以致远的道理；读书的女人一定是一个身心健康的女人，即使她上要照顾老人，下要照顾孩子，对待生活也一贯积极乐观、心态豁达。

被书香浸润的女人是有味道的，举手投足间自有一种韵味和风华。美丽的女人会衰老，读书的女人不会衰老。读书让女人以内养外，滋心养颜。因为读书，她们无论走到那里都是一道亮丽的风景。气质，修养，和浑身流溢的书卷气，使她们知性优雅，显得与众不同。

3. 读书可以改变一个人的气质

曾国藩曾对儿子曾纪泽说：“人之气质，由于天生，本难改变，惟读书可以变换气质，古之精相法者，并言读书可以变换骨相。”

台湾女作家三毛，是一个极爱读书之人，对“腹有诗书气自华”感受尤深。她说：“读书多了，容颜自然改变，许多时候，自己可能以为许多看过的书籍都成过眼烟云，不复记忆，其实它们仍是潜在的，在气质里、在谈吐上、在胸襟的无涯，当然也可能显露在生活和文字中。”

曾国藩和三毛所说的改变气质，其实就是读书多了，会改变一个人的形象，在一个人身上自然而然焕发出一种高华之气。这绝对是任何其他的方法修炼不来的气质，是与众不同、不流凡俗、清俊优雅的书卷气质。一举手一投足一开口之际所流露出来的文雅和斯文，让人心仪和敬服的气质。

有这样气质的男子，文质彬彬，温润如玉，举手投足间尽显绅士风范；有这样气质的女子，周身散发着一股书卷气，气质温婉，书香氤氲。读书能让人与众不同，风度、谈吐、行事作风、为人处事、胸襟、情怀等，处处显出一种雅致和斯文。那是浓妆艳抹、璀璨华服或是富甲一方、身处高位都达不到的一种优雅的光芒。

所以作家曹文轩说："读书人与不读书人就是不一样，这从气质上便可看出。读书人的气质是由连绵不断的阅读潜移默化养就的。有些人，就造物主创造了他们这些毛坯而言，是毫无魅力的，甚至可以说是很不完美的。然而，读书生涯居然使他们由内到外获得了新生。依然还是从前的身材与面孔，却有了一种比身材、面孔贵重得多的叫'气质'的东西。我认识的一些先生，当他们安坐在藤椅里向你平易近人地叙事或论理，当他们站在讲台上不卑不亢不骄不躁地讲述他们的发现，当他们在餐桌上很随意地诙谐了一下，你会觉得这些先生真是很有神采。此时，你就会真正领略'书卷气'的迷人之处。"

是的，书卷气是超越一切表象的迷人气质。是一个人通过长期的阅读、大量知识的滋养而一点点改变之后得来的高雅不凡的气质。有这样气质的人，不论高矮胖瘦，黑白美丑，都会让人有一种"谦谦君子、温润如玉"之感，让人忍不住地亲近、敬重和景仰，以至于忽略掉这个人本身的长相。

一户农家有两个女儿。姐姐身材高，脸蛋美，如花似玉，遗憾的是爱翻舌弄嘴，街坊邻居都叫她"长舌头"。妹妹个儿矮，鼻子塌，街坊邻居都叫她"丑小鸭"。她俩也许是受遗传基因的缘故，脸蛋上都长着一块黑痣。

姐姐自小觉得是这块黑痣影响了她的一切，恨死了这块黑痣，一心一意要除掉它。心思便没放在学习上，而是学习大人化妆打扮，努力地想让自己看起来更美一点。大学没考上，找了一个服务员的工作。黑痣依然是她的心头刺，三天两头去美容厅，每月的工资全花在美容上。后来又花大价钱整容，终于去除了脸上的黑痣。可是，人们却并没有因为她的脸变漂亮了就高看她一些，她的人生也并没有因为好看了就变得更好，她换了好多工作，却一直是服务员、收银员、接待员这样的普通工作，最好的一份工作也不过是一家公司的前台。

妹妹却不一样。从小就不太在乎脸上的黑痣，也不在意外人的目光。她喜欢读书，学习也非常刻苦努力。后来考上了一所有名的大学。大学时依然刻苦学习，别的女生都在挖空心思地化妆打扮时，她在学习；吃喝玩乐时，她在学习；追逐爱情时，她还是在学习。考研时她顺利地考上了北京大学的考古系，研究古代文化 。毕业后又到一所大学任教，潜心研究让她取得了不小的成果，成为了行业内知名的专家。整个人的气质也完全变了，从容大方，自信坚定，走到哪里都受人尊重和仰慕，根本没有人在意她脸上还有这一块黑痣。“丑小鸭”变成了名副其实的“白天鹅”。

英国著名的唯物主义思想家培根说：“读书足以怡情……读史使人明智，读诗使人灵秀，数学使人周密，科学使人深刻，伦理使人庄重，逻辑修辞之学使人善辩。凡有所学，皆成性格。”书让女人变得聪慧，变得坚韧，变得成熟，变得美丽。

“腹有诗书气自华”，看气质就知道了。书能影响人的心灵，而人的心灵和人的气质又是相通的。读书可以陶冶人的情操，升华人的思想，提升人的品位。善读书者，如入芝兰之室，久而不闻其香，而香却在骨子里，长相如何，早已不重要了。

经常读书，日积月累就会使人脱离低级趣味，养成高雅、脱俗的样子。书能教你勤于思考，勇于创新，使你生出深沉、进取的气质。书能教你为人宽厚，心地善良，使你生出纯真、热情的气质。书能教你谦虚谨慎，持重内向，使你生出成熟、稳健的气质。书能教你自强不息，不畏艰难，使你生出刚毅、坚定的气质。所以曾国藩才这样来教导儿子。因为他本人，就是一个以读书变换了骨相气质的典范。

在晚清甚至在中国的历史舞台上，曾国藩都是一个响当当的人物。他是晚清“中兴第一名臣”，与张之洞、李鸿章、左宗棠并称晚清“四大名臣”，是晚清一代著名的政治家、理学家、书法家、文学家。在他六十一年的生命中，其为人、为官、为民、为将、为相、为师，为子、为夫、为父，修身、齐家、治国、平天下，无一不做到了极致，处处都展现出强大的魅力。他为国家立功、为世人立德、为后代立言，成为中华历史上完成了“三不朽”大业的“圣人”之一，被誉为“立德立功立言三不朽，为师为将为相一完人”。梁启超评曾国藩为“近世及盖有史以来不一二睹之大人”，极言嘉许。

但曾国藩并不是天生就自带光环的人，他出生于湖南湘乡农村的一个普通家庭，生性不敏，反倒还有点笨，流传下来的一个故事说他背一夜没背下来的书，小偷听了几分钟就全能背了，可见其天赋不高。按梁启超的说法“文正以扑拙之姿，起家寒素”。没有天赋没有才华没有背景更没有堂堂仪表。资质平庸，貌不惊人，一双阴郁的三角眼，还天生一身癣疥缠身。年少时学业也不优秀，屡试不中，还脾气暴躁，好色贪玩，又眼高于顶，为人傲慢，实在是个气质猥琐、平庸不过的普通人。

就是这样一个人，在30岁生日那天幡然醒悟，发下重誓，要求自己自今日始，每天写日记，每天读书，每天反省自己，戒骄戒躁戒烟戒色，全方位修炼自己。自此之后，就完全不一样了，他按照誓言，严格自律，不打一丝一毫折扣，全部做到。特别是读书和写日记，更是从30岁开始一直到他死的这一天，几十年如一日，从来没有断过。最终成为中兴大清的名臣，成为几近完美的“圣人”。其晚年气质也发生了很大改变，整个人变得和缓而有威仪，这就读书的魔力。

他以自己的亲身经历现身说法，教导儿子要立“坚卓之志”，多读书以变换骨相，改变气质。这是曾国藩一生的经验精粹，也是他一生历尽风波劫难却总能稳如泰山的重要秘诀。

宋人黄山谷曾说：“人不读书，则尘俗生其间，照镜面目可憎，对人语言无味。”不是说读书多了，便会成美女俊男；而是说不读书，即使是美女俊男，也变得风韵全失，索然无味，辜负了一张好脸，并且面目可憎。读书之人，不知不觉受到书香熏染，脸上自然透露出一股清醇爽朗之气，在谈吐上也自然高远不俗。不读书，陷身于世网尘劳，困厄于名缰利锁，自然面目可憎，焉能语言有味？

要变换气质，非读书不可。一个人通过读书，在幽幽书香潜移默化的熏陶下，浊俗可以变为清雅，奢华可以变为淡泊，促狭可以变为开阔，偏激可以变为平和。日积月累，不同凡俗的气质自然而然就会流露出来。只要愿意读书，就能让自己改变，平凡的容貌也会好看起来。

书香浸润出来的气质绝不是一朝一夕所能拥有的，是经过许久的积累和沉淀才会显现出来的，最终你读过的书，你走过的路，你爱过的人，以及你经历过的事情，都会融进你的身体里，浸入你血液里，沉淀在你的气质里，在不知不觉间，改变你的谈吐，你的行为，你的为人原则，你的处世方式。你在书香的浸染下，不知不觉间已经改变了模样。

读书是最滋养气质的食粮，它和我们小时候吃下的饭菜一样。那些饭菜化为我们身体的骨血，让我们越长越高大，越长越成熟，让我们长成为一个骨血丰满、形象美好的成年人；那些读过的书则化为我们精神的骨血，让我们内心越来越丰盈，灵魂越来越高贵，让我们成长为一个气质美好、魅力独具的美人。

那么，不论容貌如何，气质怎样，都去多读一点书吧。书读得多了，气质里自然就多了一份从容和淡定，一种雍容和华贵，一种不媚俗、不张扬的优雅，一种不凡俗、不从众的独特，一种悠远自在、从灵魂中散发出来的香气。

4. 用知识滋养心灵的成长

世界十分美丽，如果没有女人，将少了七分灵秀；女人十分美丽，如果远离知识，将失掉七分内涵。而书作为知识的载体，是滋润女人灵魂的精神食粮，是女人保持永久魅力的法宝。读书，不仅可以变换气质，更重要的，是可以丰富知识，可以滋养心灵的成长。

我们为什么要读书？可以找出很多理由，因为“书是智慧的源泉”，因为“书是人类进步的阶梯”，因为“知识改变命运”，因为“读书的痛苦是一时的，不读书的痛苦是一生的”，因为“读书让人变得文雅和仁爱”，因为“人之于为学也，学之，人也；不学，禽兽也”……但真正最重要的原因只有一个：提升自我，用知识滋养心灵的成长，让我们成为最好的自己。

读书越多，知识越丰富，就越有内涵，越能成为一个有知识、有教养、有风度和有气质的人。

《中国诗词大会》第五季上，一个新出场的评委让所有的人都不由自主地被她身上那浓浓的书卷气、优雅的女人味和博学多才的知性气质所深深吸引。淡妆、盘发，素雅的着装，却偏偏有一种让人情不自禁被吸引的魅力，真正如一株香兰一般，香味清淡，却沁人心脾。她就是优雅大方、气质如兰的杨雨教授。

杨雨教授出生在在长沙一个普通的农村家庭。小时候性格有点内向，羞涩而不爱说话。却钟爱诗词，热爱读书。博士毕业后成为中南大学的老师，对诗词的研究更深入，出版多本学术专著，以及《问世间情是何物》

《诗词中的人间冷暖》等 20 多部诗词著作。受《百家讲坛》力邀，开讲古诗词之后，《中华好诗词》《见字如面》《中国诗词大会》等大型诗词文化类节目，也特邀她做常驻嘉宾。

无论是在《百家讲坛》《见字如面》，还是在《中国诗词大会》的舞台上，她或做评委，或做嘉宾，既能侃侃而谈，出口成章，又能深情款款，曼声吟哦；也能“大碗喝酒，大口吃肉”，从不掩饰，洒脱自在。而她丰厚的诗词储备，深厚的文化功底，以及对诗词别具一格的领悟力，加之女性细腻的视角和优雅动听的声音，让她的解读尤为生动，在带领观众体验千古辞赋之美的同时，也让自己在台上熠熠生辉。

她的气质，正是源于几十年来诗词的浸润。自幼小时起，就开始沉迷古诗词的美丽境界中，苦读，记颂，翻译，解读，从小学到大学，从研究者到学术专家，诗词一直陪伴着她成长的每一步，诗词的雅致早已浸入到她的骨子里，融进了她的血肉中，所以才有这样无以伦比的好气质。

丰厚的知识，不仅是一个女人立身处世最厚重的资本，也是一个女人内心丰盈、充实、高洁的基础，更是一个女人优雅气质的源头。

不论是阅读什么样的书，获取什么样的知识，都能让心灵得到慰藉，使心灵得以成长，激发内心的潜能，开启内心的智慧。比如读经典的名著，就是与大师的对话，是一次难得难忘的精神之旅，如同与大师们交流学习，越阅读你的心会越沉着，越智慧，越聪明，越敏锐。

读散文随笔，会让心灵安静下来，远离浮躁和喧嚣，放松心情，陶冶情操，学会淡泊处事，心远意闲。

读文化历史，可以让人知书达理，看透世间道理。西汉大学者刘向说：“书犹药也，善读之可以医愚。”因为书中的知识，可以帮助我们释疑解惑，让我们懂得做人处世的道理，让我们勇敢面对问题，不惧困难挫折，把温柔变为力量，对抗人生的艰难，像药一样治好了愚笨的内心。

读哲学理学，可以修身养性。哲学家培根在《论读书》中写道，“读书使人充实”，“知识能塑造人的性格”，“精神上的各种缺陷，都可以通过求知来改善”。孟德斯鸠感叹道：“喜欢读书，就等于把生活中寂寞的辰光换成巨大享受的时刻。”读书是加强修养、净化灵魂、培养高尚情操的有效手段。决定一个人能站多高、走多远的，是他思想的高度与深度，这些都能从哲学阅读中获得。

读百科杂学，可以开阔眼界，增长见闻；通过阅读掌握大量的丰富的知识，从阅读中汲取各种各样的营养，活跃我们的思维，增强创造力；通过阅读促使我们的智力、情感及审美能力都得到全面的提升，使我们成为一个知识丰富、内涵深刻的人，成为一个见识广博、思想深刻的人；通过阅读使各种信息、文化因子在头脑里聚集、碰撞、渗透、积淀，让我们成为一个高素养、高眼界、高品位的人。

书香浸润过的灵魂，知识滋养过的心灵，能照见内心深处，能让她们发现自身的不足和缺点，纠正偏激与狂傲，培养优点和长处，丰富知识，涵养素质，指引她们朝着正确的方向向前，自励自省，自立自强，从而日臻完美。

5. 多读书，让书香浸染兰心蕙质的气质

读书的女子，通常被冠以兰心蕙质之说。读书让女人通达、宽容、博学、独立、多思和智慧，并遮掩女人外在不足和缺陷，一个女人风姿如仙，谈吐如玉，便会渐渐忘记她的身材她的脸，只将她的才情、风韵和智慧印在了心里。她就是一道不事张扬的风景，永远都让人回味的风景线。

莎士比亚说：生活中没有书籍，就好像没有阳光；智慧里没有书籍，就好像鸟儿没有翅膀。一个女人没有好书相伴，也就难以有优雅美好的气质。因而女人要多读书，让书香一直浸染灵魂，滋养心灵，让浮躁的

心变得平和，孤寂的心变得温暖，沉睡的心变得睿智，也浸染出兰心蕙质的气质，温润如玉的风度。

乔畅从小爱读书，长相也文静秀气，工作后也保持看书的习惯，每个月去一两次图书馆，选几本自己喜欢的书，按时借按时还。有时还在图书馆看一下午。现在上班事情很多，四处喧嚣，周末同事们大多各种社交活动和娱乐活动，喜静的乔畅不爱那些热闹的场合，倒是图书馆里安静的氛围很让自己安心。感觉躲到那里自成一隅，在喧闹中觅一处灵魂净土，对自己也是一种安慰。这样的熏染，让乔畅有一种温雅文静却又气场强大的独特气质。

和乔畅一样爱读书的梁慧则喜欢在书店里看书。“对我来说，逛书店就像女人逛时装店一样，是一种嗜好。”梁慧喜欢书店安静中又有着热闹的气氛。每周都会去逛好几次书店，她把这称为“泡店”。找到喜欢的书后，会找个角落细细翻阅。翻到最后，即便空手而归，也会觉得非常充实。随着阅读的深入，她又学会了思考，对社会、对生命、对人情又有一些自己的感悟，看事情看得更加通透明澈，做事情也做得更加圆满周到了。大家都觉得她越来越智慧和大气。她妈妈也忍不住夸她：慧慧现在还真是有点懂事了！

读书的女人，把世界看得更明白，因而活得更潇洒；读书的女人，心中自有追求，即使不施脂粉也显得神采奕奕、风度翩翩。有书卷气的女人外表大都气质高雅、举止得体。这是书香的潜移默化，是内在的灵秀聪慧与深厚的文化修养通过形体、容貌的自然流露。

真正智慧的女人，不但会在意外表的形象之美，对于内在的修养，更加注重。不管生活多么繁乱，不管工作多么辛苦，她们都会每天抽一点时间，让自己扔掉一切，静静地与书相对，享受一刻的宁静，也享受书香的浸淫。

多读书，让女人提升生活的格调，调出生活的蜜汁，让生活高雅有趣，而且阅读本身就是一件趣味无穷的雅事和乐事。爱读书的人在唐诗宋词、古今名著中留连忘返，在散文诗歌中修身养性，从而心灵纯净，气质高华，心无点尘。“书卷多情似故人，晨昏忧乐每相亲。眼前直下三千字，胸次全无一点尘。”读破万卷书的人，超凡脱俗、心地纯朴，可以静听潮起潮落、坐观云卷云舒。这样的人，才会面对一朵流云，一片落叶，一阵清风，生出诗情画意，发现万千乐趣。

多读书，可以使心领略得到一种优雅的风味，像陶渊明，每日“采菊东篱下，悠然见南山”，“好读书不求甚解”，然“每有会意，便欣然忘食”。这样的读书境界不仅是人生的乐事，也当是优雅生活的范本。

不管读什么书，不管喜好哪一种风格，每天都能让自己有一个小时静静阅读的时间，让自己沉浸在书香里，天长日久，书的灵气和高雅都会浸到骨子里。不论长相如何，打扮如何，那份文静和优雅怎么也掩盖不住。普通的衣着，素面朝天，走在花团锦簇、浓妆艳抹的女人中间，反而格外引人注目。是气质，是修养，是浑身洋溢的书卷味，让你显得与众不同。

袅袅书香，熏养出女人丽影清质的芝兰之气，以书润心，可以成就一个完美女人。想象一下，一位长发飘飘、身材窈窕的美女怀抱一本书缓缓从你身旁走过，一定会让你赞叹不已，迷恋不已。

那么，女人该读哪些书呢？

（1）读自己喜欢的书

所谓“罗卜青菜，各有所爱”，每个人的爱好不一样，爱看的书自然也不一样。既然是自己读的书，肯定以自己喜欢的书为主。喜欢什么都可以，不要在意品位或是格调。不管是《读者》还是《读书》，《知音》还是《诗经》，又或是古典经书还是幼稚漫画，只要自己喜欢，就不妨堂而皇之地把它们放到书架上，认真来读。培养阅读的习惯，就得从自己的兴趣出发，从看自己喜欢的书开始。

比如爱读历史，那就不妨多放上一些历史书籍，各种正史、野史，编年体的、章回体的，白话文的、文言文的，繁体的，甚至还有那种从右往左印的……都可以。像《易中天品三国》《历史是个什么玩意儿》《明朝那些事儿》《全球通史》，甚至包括《三国演义》《隋唐演义》一类的小说，也可以当作历史来读。

（2）读提升素质的书

顾名思义就是对自己有益的书，这是一个十分宽泛的概念。广义来说，各种对自己专业素质、文化素质、思想素质及其他各种素质提升有益的书籍，都是可以放到自己的专属书架上的。如国学经典、百科全书、专业书籍，历史、政治、地理、文学、旅游、美容、服装、以及四大名著，名人传记，《十三经》或是《钳工技术》《司机的修养》，都是可以的。

下面这些，是1923年胡适先生为清华学生推荐的“实在的最低限度的书目”：

《书目答问》《九种纪事本末》《老子》《墨子闲诂》《元曲选一百种》《缀白裘》《西游记》《淮南鸿烈集解》《中国人名大辞典》《中国哲学史大纲》《四书韩非子》韩非著《周礼》《佛遗教经》《阿弥陀经》《宋元学案》《王临川集》《王文成公全书》《章实斋年谱》《新学伪经考》《诗集传》《左传》《乐府诗集》《宋诗钞》《论衡》《法华经》《坛经》《明儒学案》《朱子年谱》《清代学术概论》《崔东壁遗书》《文选》《全唐诗》《宋六十家词》《宋元戏曲考》《水浒传》《儒林外史》《红楼梦》《荀子集注》。

如果有兴趣，也是可以读一读的。这样的书读完，你的气质绝对有迥然不同的变化。

（3）读有益工作和生活的书

大部分是专业书，可以根据自己工作需要选择各类有益于工作的书籍。也可读一些自己喜欢的小说、传记、历史、政治、经济等类型的书籍。

当然，在今天这样一个快节奏的时代，一个聪明的女人不一定需要博览群书，只需读到其中的一部分，适当弥补自己的知识体系的一些空白与不足，就能比别人多几分典雅的风神韵味。以下推荐一些适合女人提升自我的书。

《红楼梦》——读红楼，学怎样做女人。

《飘》——看郝思嘉勇敢坚强，自信。

《简·爱》——女人可以平凡，可以穷困，但是不能没有人格，不能丧失自尊。

《廊桥遗梦》——看弗朗西丝卡是怎样为了家庭而放弃了爱，读她的伟大和奉献。

《第二性》——被《时代》周刊评为 20 世纪改变人类思想和生活的 10 本书之一。当代西方女权主义运动的“圣经”，迄今为止对女性问题研究得最为透彻的一本书。

《写给女人》——当代女性的必读书，为广大女性朋友们提供了切实可行的人生指导和精神启迪。

《谁是最美的女人》——一本女人塑造个性形象的建议书。

《居里夫人传》——一位影响过世界进程的伟大女性不平凡的一生，一位为子女树立光辉榜样的伟大母亲的精神世界。

《圣经》——一部包罗万象的古代文化百科全书，打开西方精神世界的钥匙。

《金锁记》——20 世纪 40 年代文坛最美的收获，享誉文坛的女作家张爱玲的顶峰之作。

《私奔万水千山》——一部以介绍山水和人文景观为主的自助旅游游记。

《围城》——讲述经典的爱情，中国文学的开山之作，值得一看。

《叶芝抒情诗全集》——在诗歌中让女人体味深情人生。

《苏菲的世界》——感受哲学，让女人变得智慧和理性。

《安娜·卡列尼娜》——为了爱情我们究竟可以放弃什么，让女人知道生活中究竟什么是最重要的。

《安徒生童话故事集》——太现实的女人反而缺乏了点可爱，童话能让你找到曾经的幻想。

《李清照诗词评注》——有内涵的女人最美丽，体味才女的多姿人生。

《懒女孩的健康指南》——女人就应该美丽，形象就要百变。

《聪明女人不抱怨不怠慢不折腾》——气质女人的修养指南。

当然，值得看的书绝不止于这一点。随着阅读的丰富和品位的提升，你的书架就会越来越丰富。你不妨试试每天阅读 15 分钟，这意味着你将一周读半本书，一个月读两本书，一年大约读 20 本书，如此下去，算算你一生将能读多少书，这个数字已经够惊人的了。日积月累，只要你每天抽出 15 分钟，就会让你面容清雅，心灵高洁起来。

第五章

滋养才情，才情和智慧是气质的永恒源头

『石蕴玉而山辉，水怀珠而川媚』，一个人的美好气质不是因为容颜的漂亮，衣装的豪奢，而是因为心中有锦绣，怀中有珠玉。才情才是女人最华美的衣裳，永不会褪色；智慧才是女人气质的源头活水，绵延不绝。

1. 石蕴玉而山辉，水怀珠而川媚

汉代陆机在他的《文赋》里说道："石蕴玉而山辉，水怀珠而川媚。"意思是山之所以倍增光辉，不是因为它本身绽放光彩，而是因为其中蕴藏着美玉；水之所以更加秀媚，不是因为它本身清秀，而是因为水里面含着珍珠。

陆机说的是文章，其实推及到人，又何尝不是这样？正如"山不在高，有仙则名，水不在深，有龙则灵"一样，一个人之所以有魅力，并不是因为他的外表有多么漂亮，而是因为他的内心，因他高尚的灵魂、盖世的才情或是纯粹而善良的内心。因为有这样的内涵，让他或许并不多么完美的外表也会好看起来，温雅起来，柔媚起来，威严起来，让人倾服、景仰和敬重起来。

比如三国时为一代之雄的曹操，就身材不高，貌不惊人，却极具威仪，称雄一方。就是因为曹操内心是个有雄才大略、宏图霸业的人。

在陈寿的《三国志》中，记载曹操"身长七尺，细眼长髯"。这在一堆身长九尺、八尺的威猛将领中，实在是有些不起眼。《三国演义》载关羽身长九尺，张飞身长八尺，就连刘备也有七尺五寸，第一猛将吕布，更是身高接近一丈。即便换算成现在的尺寸，那七尺的曹操也就是1米6左右，因为汉代时的一尺大约是23厘米。曹操生在当下，还是个子太矮，至少身材不足以压人。但是曹操却是三国那个英雄倍出、猛将如云时代里的"一世枭雄"，逐鹿中原，豪霸天下凭什么？说白了，凭的就是气质。

东晋刘峻注引《魏氏春秋》时说："武王姿貌短小，而神明英发"，就是说曹操虽然身材矮小，貌不惊人，却自有一种英武神明之气，所以威势压人，得以统领三军，威震八方。

《世说新语》里面记载的曹操捉刀的故事，也证明了曹操的气质那是罕有人可匹敌："魏武将见匈奴使，自以形陋，不足雄远国，使崔季珪（崔琰）代，帝自捉刀立床头。既毕，令间谍问曰："魏王何如？"匈奴使答曰："魏王雅望非常；然床头捉刀人，此乃英雄也。"魏武闻之，追杀此使。

翻译过来就是：有一次匈奴使者来拜见曹操，曹操自己觉得自己长得又丑又矮，形容丑陋，"不足以雄远国"，于是就让自己高大又帅气的侍卫崔琰，换了他的衣服，假装是魏王去接见使者。而他自己呢，则假装是侍卫，提一把大刀站在崔季珪身边。

拜见结束之后，曹操派人问匈奴使者：觉得魏王怎么样？使者说魏王非常高大帅气，但是旁边那个捉刀武士，真是个英雄！

可见一个人的气质，与他的外貌关系并不是太大，真正关系大的，是他的内涵。就像一座平平无奇的山峰，因为有一块石头里面有玉石，就让整座山都显得辉煌闪耀一般，关键不在于山峰什么样，而在于是不是有玉石。

人的身体只是个盒子，灵魂和思想才是盒子里面的珍珠。这个盒子再精致美丽、漂亮豪奢，也会破旧、会衰朽、会死亡，而灵魂不灭，思想永恒，这才是一个人最弥足珍贵并不可磨灭的东西。

漂亮的皮囊只是表象，骨子里的涵养和灵魂里的思想，才是永恒不灭的人的精神。一味只看外貌和颜值的人，不过是买椟还珠的现代版本，会徒被人嘲笑其愚。真正有内涵、有修养、心怀珠玉的人，内在的光芒会自然而然地散射出来，让人感受到她们非凡的才情，无上的风姿。

在央视节目《中国诗词大会》上，我们领略到了才女武亦姝的风采。她口吐莲花，气质如兰。一句句古典诗词，从口中吐出。整个人如清风拂过山岗，白云流过天际，大气、雅致、清新、自然。面对强大的对手，和台下的观众，镇定自若，从容自信，轻松打败了对手，成为中国诗词大会第四场擂主。

第一个环节，凭借强大的实力和淡定的心态，在场上与百人团同答题时一举九连击，战胜百人团中308人，创下308分的纪录，成为诗词大会第二季播出以来，这个环节里的最高分。以一敌百，横扫全场。其势如破竹，威不可挡。

在争夺攻擂资格的“飞花令”环节，武亦姝巧笑嫣然，对答如流。飞花令，是中国古代酒令之一，实际上就是对诗词，双方所吟诗句，必须含有事先给定的主题词，极为考验一个人的诗词涵养。但武亦姝成竹在胸，自信大方，云淡风轻间就已经打败对手。当大多数人都用唐诗宋词交锋时，武亦姝脱口而出的是诗经：“七月在野，八月在宇，九月在户，十月蟋蟀入我床下”。惊艳四座，连台下的评委，都赞叹不已。

最紧张的第三个环节，她面对的是已经蝉联两届擂主的北大博士陈更，在对方首发领先1分的情况下，亦毫不怯场，后来居上，率先拿到5分，成为新一届的擂主。台下一片欢呼，她只是淡然一笑。静时不骄不躁，沉稳淡定，动时随性自然，胆色过人。这样的气质，来自于一个16岁的少女，不由得不让人由衷佩服。上届擂主陈更以一句“宣父犹能畏后生，丈夫未可轻年少”，表达了由衷的赞美。

评委蒙曼的点评更是满满的赞许：“诗歌的真善美是渗透到她心里去的。武亦姝的谦逊不是装出来的，而是有诗意在她心中，她站在那里气定神闲的样子，诗意就出来了，这就是所谓的‘腹有诗书气自华’”。

“石蕴玉而山辉，水怀珠而川媚”，一个有内涵、有才情、有修养的女性，即便素衣白裙、不事修饰，也挡不住她清雅灵动、温文尔雅的书卷气，挡不住她从内而外散发出来的美丽和明慧。

中国古代把这样的气质称为“淑美”，西方社会则把这当作是代表上流社会的文化涵养和高贵气质。这需要知识的涵养、学问的充实、修养的支撑方可全身弥漫开来的，绝非一朝一夕之功。

这种气质也是“做作”不来的。它出自内在的才情和修养，无须任何刻意修饰，自然就有的清新脱俗，落落大方，温文尔雅；更是一种人格，一种文化，一种修养，一种品位，一种美好情趣的外在表现，一种才情和智慧的自然流露。

所以一个女人，要想自己有出众的气质，翩然的风姿，光梳妆打扮、浓妆艳抹是没用的，得从内部来修炼，从内心涵养，让自己“蕴玉含珠”，才情超人，才有灵慧婉约、雅致可爱的气质。要记住，“修心”比“美容”是更能提升自己气质的途径。

2. 女人的才情和智慧是气质的源泉

才情是什么？辞典上的解释是才华、才干、才思。说白了，就是一个人的内涵，一个人因为天赋的才华、知识的滋养和心灵的高洁所共同孕育出来的那种不同凡响、不随俗众、超越常人的才气、智慧、能力、思想及情怀，就是才情。

对于女人来说，才情，是气质的源泉和开始。一个人真正的气质和魅力都来自于内心。有些长得非常漂亮、醒目的女子，第一眼看去真正有极为惊艳的感觉，但之后再看，反倒平平常常了，这是因为内心的肤浅和单薄导致的。相反，有一些女性，外表并不出众，第一眼很难惊艳，但却有着长久的、持续的魅力，并且相处越久，越觉得魅力十足。这样的女性，就是才情女人。

拥有才情的女性有敏锐的洞察力、独立的思想、高雅的谈吐、优雅的举止和过人的才华。她们的内心，澄澈如镜，不张扬、不浮躁、不虚荣；她们的头脑智慧灵秀，才华横溢，冰雪般的聪明；她们的文字，文采飞扬，犹如一阵绵软的细雨，能够滋润你干枯的心田，让你回味无穷。

才情之美远甚于容颜之艳，拥有一颗灵慧的心，纵然没有天生的丽质，也一样可以赏心悦目，有一种迷人的风度。拥有才情和智慧的女人，最不怕时间的流逝。因为时间只能让她们的才华更加出众。

民国有倾城之才的才女张爱玲，身着一袭华美的旗袍，款款地穿行在民国的烟雨中，时间的打磨让她的气质更加清灵而美丽。几十年的光阴流过，斯人已逝，倾城的往事也早已淹没在历史的烟尘之中，可她的锦绣文章却愈加灿烂，她的才情智慧却愈为闪亮，她并不算美丽的脸庞也因为才情的滋养而愈来愈鲜艳、明亮地印在了历史的台柱上，刻进了后人的心目中。

如果单从容貌来看，她真算不得绝美的女子，但她的才情却足以让她风情万端，芳华绝代。她的文字似乎通晓世事，世态人情、悲欢喜乐尽在笔端。她的才情似乎是与生俱来的。在她的作品里，随处可见她对诗歌、小说、美术、舞蹈的鉴赏力。胡兰成说："张爱玲是民国世界的临水照花人。她无需经历多少世事，这个时代的一切自会与她来交涉。"她从没想过要成为传奇，可是她本身就是传奇。她本性是孤傲又清高的，有一种超凡脱俗的洒脱和不羁，但她的故事却是世俗的，她就是这样游刃于大俗与大雅之间，挥洒着她无以伦比的旷世才情，在传奇中书写了一个女子无边的才情魅力。

有才情的女人，一定是心有珠玉、内涵丰富的人。这样的女人有一种永恒的美，一种让人"高山仰止，景行景止，虽不能至，心向往之"的魅力，即便美人长逝、岁月迁延，这样的气质也永不消逝，永远让人怀想。

才情女人，是一道让人从心底惊叹的彩虹，是令人流连沉醉的白云飘飘，是藏蓝宝石般宁静高远的天空，精彩绝伦，让人叹为观止！她们的才情和智慧，犹如一杯醇厚的佳酿，外表深不可测，喝一口下去，滋味却在喉头燃烧，荡气回肠，叫人禁不住再三回味。

林语堂曾这样夸赞一个女人："芸，是中国文学上一个最可爱的女人。"

而一向以严肃著称的鲁迅，也不无感叹地说："芸娘，虽非西施面目，我却觉得是中国第一美人。"

他们称赞的是同一个人，这个人就是《浮生六记》中的女主人公芸娘，一个有才情、有情趣、懂生活的优雅美人。

芸娘是清末苏州名士沈复的妻子，与沈复青梅竹马，两情相悦。是一个非常懂得生活情趣又特别热爱生活的人。她擅长烹饪和刺绣，还会写诗，对于生活中的点滴，她都利用自己的心思，把日子过得雅致而有趣。

沈复家境并不太富裕，所谓“贫贱夫妻百事哀”，即使是这样的日子，由于芸娘的操持，也过得活色生香，有滋有味。

初春的时节，和好友出游，芸娘就雇了集市卖馄饨的小贩，担着锅提着壶来到郊外赏花，一边用锅炉热酒，用砂壶煎茶，一边对着繁花品着热茶喝着热酒，心旷神怡；夏天的时候，她会做莲花茶：“夏月荷花初开时，晚含而晓放。芸用小纱囊撮茶叶少许，置花心。明早取出，烹天泉水泡之，香韵尤绝。”她走到路上，看到有精巧圆润的石子，别人视若无睹，可是她都捡回家，慢慢地，竟然垒出一座小小的假山。

平常的一日三餐，柴米油盐，到了懂得情趣女人的手下，就活出了精致的滋味，变得美好起来。他们夫妻二人都喜欢喝酒，可是又没有太多的钱来买酒，于是当梅子泛青的时候，芸娘就摘下来酿成青梅酒，在小雨淅沥的夜晚灯下对酌。这样的女人，优雅而美好，即使穿越了几百年的时光，也依旧清新，依旧令人向往和怀念。

才情是女人穿不破的衣裳，才情是女人优雅的源头。一个真正的有才情的女人是灵性与柔性的结合，她们既有“知识女性”的大气，又有平凡女人的温婉；既有职场女性的干练，又有普通女人的细腻。她们不仅能够征服男人，也能够吸引女人。才情女人展现出来的卓越才华和超凡智慧，总是让我们每一个人都不得不由衷地叹服。

明·唐寅《过秦楼·题莺莺小象》词：“潇洒才情，风流标格，脉脉满身春倦。”有才情的女人，总有一种独特的风韵，超凡的灵性和一种极致的美。这样的女人，书卷中透着点点妩媚，纯净中闪耀着智慧的火花，温柔里点缀着不屈的灵魂。

才情女人一举手，一投足，一张嘴，无不投影出来不众不同的超卓。

而这份气质，就是来自于诗书的涵养，来自于内心的明慧，来自于自身的才华。这样的气质，能让她在岁月的冲刷中历久弥新，雕刻出迷人的光彩。

一个女人，如果她拥有如花的容颜，只能说她漂亮，然而漂亮的躯壳终有一天要老去，红颜不再，青春易逝。而拥有才华的女人，却会永寿万年。

3. 容颜会老，智慧永不会老去

岁月无情,岁月对谁都一样,任谁也不可能逃过岁月之手的无礼抚摸，极丑和绝美的容颜在岁月的大手下一样无奈，一样惨然老去。

可是一样是女人，一样是岁月无情的手在抚弄，留下的印痕却截然不同。有的女人年纪不大，却苍然龙钟，有的女人至百岁高龄，却一样风采迷人。容颜终究会老去，魅力永存的，是慧质兰心的灵秀和从容淡然的智慧。

智慧的女人从容内敛，低调安静，既不显山也不露水，不会刻意卖弄，不会飞扬跋扈，她们知识渊博、才华横溢，却永远不会咄咄逼人；她们经验老到，通达能干，却从不锋芒毕露，这才是真智慧，真优雅，真魅力。

智慧女人无论在人前背后，无论面对命运关口，还是生活琐事，她都能表里如一、分寸不乱、从容明智地对待。

让皱纹迟到，让青春不老，是每一个女人心中的梦想，而智慧女人则会把怕老的心情，化为热爱生命的激情，不问浮世繁华，只管潜修自己。哪怕岁月给了她满脸的皱纹，却夺不走她眼中的睿智；给了她满头的白发，却挡不住她满身优雅。当优雅成为了习惯，在逐渐老去的途上，她会走得更加从容，更加自信，也更加美丽。这是从内到外统一和谐之美，是岁月无可奈何之美，是人间最美的美。

所以，年龄和岁月对她们不构成任何影响，那苍苍的白发，深刻的皱纹，和青春红颜一样让人迷恋，甚至更加让人着迷。

爱尔兰最伟大的诗人叶芝，一生苦恋气质独特的贵族姑娘矛德冈，五次求婚均被拒，一直到晚年，还在心心念念希望矛德冈能来见他一面。那一首《当你老了》的诗，打动过多少人的心。在叶芝的心中，青春红颜的矛德冈还不如苍颜白发的她有魅力。因为他心中的那个人，并不是以美貌吸引他的注意力，而是她的内涵，她的个性，她那智慧而美好的灵魂。我们来看看他诗中的深情：

当你老了，头发白了，睡意昏沉
倦坐炉边。取下这本书
慢慢来读，沉入温柔的梦境
眼神迷离，眸影深深
多少人爱你青春美好的倩影
爱你的美丽无双，有的假意，有的真心
却只有一个人爱你虔诚的灵魂
爱你沧桑历尽之后，脸上的皱纹
炉边的栅栏映着火的微光，你佝偻着身子
幽幽地絮语，爱如何远离
如何步上高山之巅
隐没于群星之间

无独有偶，同样伟大的法国女作家杜拉斯，也认为一个拥有智慧灵魂、独特韵味的女人，会越老越有魅力。在她的名著《情人》中开篇就写：我已经很老了，有一天，在一处公共场所的大厅里，有一个男人向我走来。他主动介绍自己，他对我说："我认识你，永远记得你。那时候，你还很年轻，人人都说你美，现在，我是特地来告诉你，对我来说，我觉得现在的你比年轻的时候更美，那时你是年轻女人，与你那时的面貌相比，我更爱你现在备受摧残的面容。”

对于一个优雅到脚趾头，魅力浸透到骨子里的女人而言，老去的，不过是容颜，留下的，才是悠然沉淀下来的智慧和从容。

智慧的女人，不会因岁月的漂洗而褪色，花开花落终有时，她的魅力却会因岁月的淘洗而放出耀眼的光华，会因岁月的深藏而散发出醉人的醇香。

智慧的女人，温柔而充满激情，有一种难以言表的美丽溢出身外。温柔和激情，为智慧女人无限增色，像是一副完美无暇的素描，加上适当的点缀，使画面立即生辉。

智慧的女人，懂得好好生活。她们用工作、学习、听音乐、健身、旅游、购物等多种方式，把生活打扮得五彩缤纷；相夫教子，她能因材施教，对丈夫用成长学鼓励，对孩子用教育学指导，对婆婆用开心学相处，家庭乐趣尽在其中；理财持家她量入为出，该花的钱花得恰到好处，该省的钱一分也不浪费，适当的勤俭让她变得更美丽。

智慧，是永不会褪色的美丽，当青春不再，当皱纹遍布，当发白如雪，唯有智慧的光芒永远闪烁。“零落成泥碾作尘，只有香如故”，就是智慧恒远氤氲的香气。

4. 有才情的女人有让人沉醉的魅力

拥有才情和智慧的女子总会由内而外散发出一种迷人风韵，才华横溢，蕙质兰心，风华绝代，倾国倾城。

才情是气质的源泉，才情是风情的来源，才情更是魅力的极致。一个女人本身已经是一朵美艳的花，再加上才情的映照，这样的女子，是人间的极致！这样的女人有让人沉醉的魔力。才情女人是人间的传奇，关于她们的故事永远在耳边回响。

才情女子林徽因，就有这样的魔力。人们常说，上天对人是最公平的，给了你非凡的才，就不给你倾城的貌，即使给了你才与貌，也不会再给你圆满的爱情。但这对于林徽因，这位集才情、美貌与智慧于一身的诗人、作家、设计师、建筑学教授却是个例外。她不但美貌绝伦，而且才情超凡，著名诗人徐志摩对她一生倾情，大哲学家金岳霖为她终生不娶，建筑大师梁思成对她情有独钟，与她伉俪情深。林徽因可谓才、貌、情三者兼得，堪称女中的翘楚，人间的精灵，是女人美貌、才情和智慧的代言人，所以她自始至终都有一种让人沉醉的魅力。

她的魅力，不知道打动了多少人的心，让多少人为之倾倒不已。女作家陈衡哲的妹妹，曾在香山偶遇林徽因，惊为天人，回忆说："她不但天生丽质，而且从容貌和眼神里透出她内心深处骨头缝里的文采和书香气息。我今生今世，认定了她是我所见到的第一美人。没有一个人使我一瞬难忘，一生倾倒。"

作家赵清阁见到中年的林徽因，被她的气质打动，终于明白为什么那么多诗人名流为她倾倒的原因："林女士已经四十五岁了，却依然风韵秀丽。她身材窈窕，穿一件豆绿色的绸晨衣，衬托着苍白清癯的面色，更显出恹恹病容。她有一双充满智慧而妩媚的眼睛，她的气质才情外溢。我看着她心里暗暗赞叹，怪不得从前有过不少诗人名流为她倾倒！"

梁思成曾对第二任妻子林洙回忆说："林徽因是个很特别的人，她的才华是多方面的。不管是文学、艺术、建筑乃至哲学，她都有很深的修养。所以做她的丈夫很不容易。中国有句俗话'文章是自己的好，老婆是人家的好'，可是对我来说是，老婆是自己的好，文章是老婆的好。我不否认和林徽因在一起有时很累，因为她的思想太活跃，和她在一起必须和她同样地反应敏捷才行，不然就跟不上她。"

林洙也对林徽因赞叹备至:“我承认一个人瘦到她那样很难说是美人，但是即使到现在我仍旧认为，她是我一生中所见到的最美、最有风度的女子。她的一举一动、一言一语都充满了美感，充满了生命，充满了热情……当你和她接触时，实体的林徽因便消失了，感受到的则是她带给你的美,和强大的生命力。她是这么吸引我,我几乎像恋人似的对她着迷。”

即便没有绝世的容颜，有才情的女人也是美丽的。能像林徽因这样既有惊艳的美貌又有旷世才情的女子,当然是优雅的化身,是人间的精灵,自然有让人沉醉其间、无力自拔的魅力。

美丽的女人常有，而才情女子却不常有。因为才情是女性魅力的至高境界，不是每一个女人都可以妄谈才情的。

有才情的女子，才华横溢、文采飞扬，她们的文字，犹如一阵绵软的细雨，滋润着万千人的心田。她们喜欢读书写作，喜欢听音乐赏美景，她们才思敏捷，举止得体，优雅大方，像一阵幽香，淡淡的，就让人沉醉其中。

有才情的女子，将女人的韵味渗透进了骨子里，她们仪态万方，风情万种，一举手、一低头、一回眸，都是一道绝美的风景，而且这样的韵味绝不会随红颜老去而消逝。

有才情的女子，睿智豁达，落落大方，既懂得尊重别人，也知道爱惜自己，她们有自己的个性，为人不卑不亢，处世外柔内刚，不嫉妒、不攀比、不自傲，也不从众，不流俗，不张狂，潇洒自在，从容优雅。

有才情的女子，就是人间的精灵！即便岁月流逝，年华老去，甚至岁月流转，斯人远逝，她们依然风采焕然，让人念念不忘。她们是人间的传奇，永远有让人沉醉的魅力。

5. 多点兴趣和爱好，享受更多的生活情趣

有才情的女人，也一定是一个情趣高雅、爱好广泛、深谙生活情趣的人。多培养一些高雅、有益的兴趣和爱好，对于塑造自己高雅大方的气质是很有必要的。

每个女人的内心深处都希望自己的生命里，有着绚丽的彩虹，浪漫的柔风，有不可预知的惊喜让平凡的生命开出美丽的花朵来。生活丰富一些，人生自然会精彩一点。优雅的、有情调的、丰富多彩的生活，当然会更有滋有味，更乐在其中，更幸福快乐，也更能滋养出女人高雅美好的气质。

有的女人看似恬淡，实则对生活充满了热爱，她会依着自己的心性，想尽千方百计让自己的生活变得丰富多彩。但她绝不盲目地闯入滚滚红尘，而是有着自己的品味和格调，有自己的追求和喜好。

27岁的晓欧很注重生活的品位和情趣，不喜欢枯燥无味白开水似的生活。喜欢自己去寻找生活的乐趣，让平淡无奇的日子丰富、亮丽、多姿多彩。比如周末时去精品店淘一件自己喜欢的棉质衬衣，价格并不要多贵，也不一定是名牌，但一定很精致舒适，样式清新，品位独特，让自己打心眼里喜欢。

闲暇安静的时候，喜欢写一点文字，描述一下自己的心情。每每这个时候，便喜欢用精致的茶具泡上一杯绿茶，茶杯中的碎片花纹在水中一点点显露，看着小而绿的茶芽在晶莹的水中翻飞起舞，清茶的新绿，尤如在杯中沏进了一缕清浅的阳光，晓欧就会觉得非常享受。能拥有这

样一刻悠闲看世界，温情待自己的感觉，真的惬意。

周末不想出门，那就在网上查一道爱吃的菜，学着来做，好不好吃不重要，享受的是过程。或者点缀家饰，自己动手做个小抱枕，或者干脆重新布置一下家居，让自己的家更温馨而舒适。也可以听听音乐，看看书。出门健健身，练练瑜伽，或邀几个闺密一起去喝一杯咖啡，都是晓欧喜欢的事情。

爱生活，有情调，活得有滋有味，晓欧觉得，自己生活得很满足，很惬意，因而心情愉快，气质明朗，额头上都闪着开心的光芒。

生活本身应该是赤橙黄绿青蓝紫多色调的。有兴趣爱好的女人，生活才有七色阳光，才能感受到生命的珍贵可爱。健康有益的兴趣和爱好，能使人在潜移默化中享受生活的馈赠，接受文明的陶冶，培育良好的性格、毅力、意志等优秀气质。

好的兴趣爱好，读书自然必不可少。书是最好的美容，读书的女人，有一种自然的高华和美丽。当然读书的目的，并不是做一个博古通今的学者，而是提升自己的修养，涵养自己的气质，同时让自己的生活更加多彩多姿，更有情趣和意味。有些书可以增强女性自身修养，有些可以陶冶女人性情，有些可以抚慰女人的心灵，有些则具体指导衣食住行，不管你读什么样的书，都会让你活得更加滋润。

看看电影也是不错的选择。爱情片、音乐片、战争片、科幻片、动画片、恐怖片、灾难片、探险片、动作片、喜剧、戏剧、历史剧，各有各的优点，各有各的过人之处。无论哪种电影，无论哪部电视剧，皆有其独到之处。有条件要看，没有条件创造条件也要看。

舞蹈给人带来青春的活力。每当耳边响起悠扬浪漫的慢三步舞曲，脚步总会不由自主地滑到舞池，踏着音乐的节奏配合舞曲翩然起舞，尤其是遇到合拍的舞伴，那种酣畅愉悦的感觉堪称一流享受；而随着震耳欲聋、节奏强劲的迪斯科音乐舞动，则可以让你无限放松……乐趣无穷的舞蹈不知不觉中为你增添了青春的活力。

养养花花草草，也能怡情怡性。养花不仅能陶冶情操，丰富和调解人们的精神生活，增添生活乐趣，使人心情舒畅、轻松愉快、消除疲劳，增进身心健康，而且花草还可以调节气候，净化空气，为人们创造出优美、清洁、舒适的工作和生活环境，使人们生活更幸福、更美好。

多运动，不仅增添活力，也能为自己的美丽加分。游泳、打乒乓球、羽毛球、跳绳、晨跑，甚至太极武术和瑜伽，只要喜欢，都可以积极地学习和尝试。工作学习之余，多运动运动，不仅锻炼身体，还能为自己的生活带来不可多得的乐趣，何乐而不为?

旅行，则是行走的情调，生活会因为大千世界的多姿多彩而变得色彩缤纷。世界那么大，到处都看看，看遍天下美景，吃遍天下美食，这样的生活，想一想都情趣无穷。和家人一起，带着孩子，长假就走得远远的，看西藏的蓝天白云；周末就在郊外或是楼下的公园里走一走，甚至只是安静地坐在公园的长椅上吹一吹风，看一看树怎样在风中潇洒的独舞，让孩子开心地在草丛中奔跑，都是生活的享受。

广泛而高雅的爱好和生活的情趣会让女人的生活更加精彩，也更有活力和魅力。气质也会越来越优雅脱俗，与众不同。

6. 让音乐和绘画陶冶心灵，清新气质

音乐和绘画都是一种陶冶心灵的艺术。随着艺术的浸润，气质也会越来越文艺，越来越清新。

音乐可以净华我们的心灵，沐浴在音乐中，可以让音乐洗涤心灵的污垢，拂去心灵的尘埃，让心灵纯净而美好，心灵的尘埃少了，心灵的负担就轻了，这样就可以让我们的心灵飞得更高，飞得更远。

音乐的魅力是无穷无尽的，或如高山流水知音相对，或如梅花三弄婉转缠绵，或如二泉映月哀婉曲致，或如梁祝化蝶凄美动人……不一样的时刻，不同的心事和心情，独上西楼，望断天涯，寂寞无处遣的时候，或许，音乐是最好的寄托。

音乐是高尚的艺术形式，它可以陶冶情操、交流情感，为生活增添色彩。对于大多数人来说，欣赏音乐亦是一种人生的享受。心情不好时听一段舒缓的音乐，消磨一个下午，让自己的思绪随着音乐飘荡、缓缓地进入梦乡，一觉醒来，发现烦恼已烟消云散。

音乐是女性心灵的伴侣，它给女人以憧憬、幻想、回忆。音乐的暗示就是给女人生命的暗示。丝丝缕缕，缕缕丝丝，音符如潺潺的溪流，如春野的鸟，在低低地诉说女人情怀。爱音乐的女人，无论什么时候都不会孤单，因为有音乐相伴。

玩玩乐器，也可以提升自己的品位和气质。乐器是承载着音乐的精灵，是优雅清幽的美的天使，那样轻柔、宛转又悠扬，轻轻地抚慰着有些疲累的心，那种感受，是生活中至高的美妙。比如琵琶。在清朗的月夜，弹一曲春江花月夜。纤尘不染的夜空中，美丽凄迷的月开始从东山缓缓地升起，放眼望去，水天一色，思绪飘起来，心迷醉在这悠扬中。这样的情调，让人想想都会沉醉，这样的生活，才是真正值得品味和咂摸的况味！

或者也可以自己拉一曲二胡，一首名曲二泉映月，亲自感受阿炳在无尽的细雨中发出的凄绝美艳的袅袅之音。还有琵琶，古琴、长箫、短笛，可听一首，或奏一曲，都是迷人的。

绘画也是一门高雅的艺术爱好。绘画艺术是忠实于客观物象的自然形态，对客观物象采用经过高度概括与提炼的具象图形进行设计的一种表现形式。它具有鲜明的形象特征，是对现实对象的浓缩与精炼、概括与简化，突出和夸张其本质因素。画画不仅有了解自己的神奇功效，而且对于心的磨练也有很大的作用。不论是沉入其中学习绘画，还是欣赏绘画，都可以使你的气质文艺起来，清新起来。

欣赏绘画和书法对女性的性情陶冶是有裨益的。一个女人，若能将书画的神韵融入自己的言谈举止中，一定能焕发出与众不同的光彩。

当我们欣赏一幅内容优美、笔墨舒展、气势酣畅、布局合理的书法作品时，内心会莫名其妙地产生一种振奋之情和愉悦之感。秦汉风月，唐宋华章、远古烟霞，草木花鸟、山欢水笑、近代人情，都在书画之中一一展现，让心远离世俗的纷扰、沉入艺术的美好之中。

女人的美丽，不是无根之水。需要一些精神上的粮食来吸取营养。艺术，能扩大女人的心灵视野，感知什么是美。艺术的熏陶是润物细无声的滋润。一个能得到多方面艺术滋润的女人，一定是一个美丽不凡、气质出众的女人。

第六章 谈吐雅致，温言软语衬托女人的斯文雅致

斯文雅致的谈吐，是学问、修养、素质和才智的流露，也是知性气质的重要源头之一。一个温言软语、谈吐优雅的女性，自有一种典雅斯文的气质，让人不由自主地高看一眼，情不自禁地被她吸引。

1. 优雅的谈吐为气质加分

优美高雅的谈吐是展现女性美的重要部分，谈吐不仅指言谈的内容，还包括言谈的方式、表情、速度、声调等。文雅的谈吐是学问、修养的流露，是魅力的来源之一。如果女人谈吐优雅、知识丰富，又能用生动的表情、恰当的肢体语言和优美的声音来表达，会大大提升女人的魅力和吸引力。

哈佛大学前任校长伊立特说过："在造就一个有教养的人的教育中，有一种训练是必不可少的，那就是优美而文雅的谈吐。"社交场上，优雅的谈吐是一种万能的魅力，它能迅速吸引人的目光，增强个人的凝聚力，甚至可以融通并不熟悉的人际关系。它代表精神、睿智和学识修养，使人赏心悦目。

在职场上，优雅的谈吐能让女性有不凡的气度和气质，广结人缘，到处受欢迎，得到上司的青睐，同事的欢迎，让职场之路走得越来越顺。

小倩出身教师家庭，自小受到良好的家教，斯斯文文、彬彬有礼，很讨人喜欢。虽然长相普通，大学毕业后还是顺利通过面试，进了一家有名的公司。

按说按小倩的能力和经验，起码要从基层员工干三年以上，才有升迁的可能。可令人意外的是，仅仅一年以后，小倩就被提升为部门经理助理。这很大程度上是因为小倩很会说话，善于把握说话的时机和轻重，深得经理喜欢，觉得有这样的一位助理，出门谈判时更能赢得胜算，故而毫不犹豫地把小倩提为助理。

现代女性，斯文为本。毕竟现代人是文明人，现代社会也是斯文之地，泼妇骂街式的粗鲁和低俗是不为人所容的。言语温和、礼貌文雅、温婉可人的女性，总是能获得更多人的喜欢。那么，女性如何做到出言斯文、谈吐优雅呢?

（1）声音要低柔，语速要平缓。优雅地说话一定不要高声大嗓，也不要在声音里带上过于强烈的感情，那样只会让人觉得可怕而不是可亲；同时注意语速不要太快，太快了辟里啪啦像在吵架一般，哪里来的优雅?低柔而温和的嗓音，平缓而稍慢的语速，会使你的谈吐有一种温和的力量，更有魅力。

（2）语言要亲切，表情要自然。

无论与谁交谈都要亲切自然，才显得落落大方。与上级、长辈交谈不要卑躬屈膝、低声下气；和下级、晚辈交谈，态度要和蔼、不要居高临下；与客户交谈应大方得体，表情自然，还要讲究交谈方法。同样一句话，在不同的表情下说出来，效果肯定是不一样的。一个人绷着脸说“不要吵了，请安静”和一个人笑着说“不要吵了，请安静”，两者的效果是不同的。尽可能表情亲切自然一些，亲和力更高一些，说的话也会更动听一些。为了表达某些内容做手势时，动作不宜过大，不要手舞足蹈，更不要用手指着对方讲话。

（3）不要随便插话，也不要让谈话冷场。别人在说话时，忽然打断别人，插话或者抢话，都是十分不尊重他人、失礼的行为，也让自己失了风度。优雅的女人一定记得别人说话时要专心致志地听，并且不时以“原来是这样”“那接下来呢？”“哦，怪不得”等来接话。冷场时更需要及时找到话题，营造继续交流的氛围。切记声音一定要低柔温和，柔软动听，把魅力从细微之处体现出来，展现自己的修养和内涵，增添更多魅力，赢得更多的尊重。

（4）语言一定要文明，不可粗俗。要用语谦逊，言词文雅。说话时尽量多用敬语、谦语、礼貌语，这样能体现出一个人的文化素养和尊重他人的良好品德。女性要切记，任何时候——哪怕极度生气极度发怒之时，也绝不可以有半句粗话脏话出口，一次也不行！千万不要认为不相识或是老相识就无所顾忌，任何时候都要在意自己的斯文形象。

（5）以诚为本，尊重对方。优雅的谈吐还表现在对人尊敬和诚恳的态度上。要有设身处地为别人着想的心态，掌握交谈的分寸，避免任何可能伤害别人的成分，比如，不要揭露他人的隐私，更不要随意“攻击”别人，不可对别人大加评论，等等，这些都是一个人良好修养的体现。有深厚的修养，才能有优雅的谈吐。

（6）提升素质，提高修养。优雅的谈吐并非徒具华丽的形式，而无实质的内容，要想言之有物，还必须不断提升文化素养。有着深厚素养的人，一举一动、一颦一笑才会尽显优雅。

总之，无论什么时候，一个女人文明的语言、渊博的知识、良好的修养、不凡的谈吐、总是能更好地展现自己的风度和气质，让自己理添魅力，并得到大家的尊重和青睐。

2. 声不在高，温言软语更有魅力

说话声音柔和，是女人谈吐文雅的表现，也是女人的魅力资本之一。粗声大嗓的女性总是会让人把她与横蛮无礼、粗俗豪放联系在一起，让人未见其面已经生畏。这样的女人，即便貌美如花，却也总觉得少了一些韵味。相反，那些说话声音低柔、语气温和、轻声细语的女人，一开口就让人觉得魅力十足。

所以，说话的音量，也是一个女人气质的底蕴。它就像一杆标尺，丈量出内在的修养。越是声音低柔的女人，越让人觉得可爱、可亲、可敬、魅力无限。

我们有句老话说“有理不在声高”，嗓门大不能说明你有理，抢着说更不能证明你强大，温柔缓和的声音一样可以掷地有声。不论任何情况下，对于女人来说，高声大嗓只会让你显得粗鲁低俗，并不会让你理高一筹，或是更有气质。

梁实秋说：一个人大声说话，是本能；小声说话，是文明。在很多时候，恰好是“说话声音越小，气场越大”。比如公共场合、比如社交场合。

台湾著名作家刘墉说：在公共场所说话要小声，才能够显示你的优雅。嗓大声高，一出声方圆三里抖三抖，只会让人惊恐退避，不敢上前；轻声细语，软语温声，更会让人如沐春风、心生敬意。

所以气质女人说话，大多轻言细语，低柔婉转，很少会声高八度、嘶声大吼的。因为越是低柔的声音，其实越有魅力，越显气质。

人们常说，“声音是女人裸露的灵魂”，“声音是女人的第二张脸”，但很多女人懂得打扮，懂得穿衣，懂得用香水，懂得学习礼仪，却不懂得善用声音，不懂得怎样去爱惜自己的这个“第二张脸”。穿着讲究品位，待人接物也得体，就是一张口，声音嘶哑沉闷，或是沙哑难听，缺少女性特有的温柔与甜美，形象立时打了折扣。相反，那些声音甜美、柔婉动人的女性，即便相貌普通，也足以倾倒众生。

邓丽君，这是一个深深地刻印在许多人心目中的名字，她的甜美婉转、温柔动听脱去了俗尘的声音影响了好几代人。或许仅从外表来看，邓丽君并不能算得上绝世的美女，但因为她美如天籁的声音，让她的美无人超越。她清丽柔婉的声音，让许多浮躁和迷惘的心，得到舒缓平静，甚至沉溺其中，忘记一切世俗的苦痛。所以，邓丽君才会成为许多人心目中永恒的女神！

有不少人认为声音是天生的，由不得自己，其实这种观点是错误的。声音可以变美或者变丑，关键是你自己怎样把握和驾驭。无论你是声音过于低沉沙哑的人，还是音色尖细的人，都是可以通过训练弥补的。通过声音训练，可以护嗓，加强对声音的控制力，增加嗓音的品质、美感，使声音更具感染力、说服力。

靳羽西的声音比较低沉，但柔和耐听，让人感觉很舒服。“这是我的朋友们对我的评价，所以当我偶尔恶作剧，突然用一种尖锐的声音说话时，大家都惊呆了——这样的声音不美吧，所以要训练一种动听的声音。”靳羽西在她的《魅力何来》中，也特别谈到声音是有魅力的，羽西告诫女性说，在讲话时要尽量把声音压低些、再低些，这样才会显得很有教养，有魅力，赢得别人的信任和尊重。靳羽西的巨大成功，也与她的充满魅力的声音密不可分。

可不要以为羽西以前就是这个嗓音，这可是她用每小时500美元的代价，请人专门训练出来的。羽西在电话机上专门安装了一个测试仪，用来显示说话时的音量，每天都有意识地训练自己的声音，慢慢地，才形成了她现在这样的说话方式。

要拥有温柔甜美、沉稳动听的声音，必须注意节奏感、音量和说话的速度、音调的高低变化。如果在和别人讲话时始终保持同一个音调，就会使听的人昏昏欲睡，打不起精神，自然也就达不到讲话的目的。即使内容再精彩也不会引人注意，还可能使别人不乐意与你交往。

要懂得修饰自己的声音。别太娇，那样显的情色、暧昧；别太尖，那样显得浮躁、匪气；别太响，那样显得没修养，又很老气；别太急，那样显得咄咄逼人没气质。有魅力的声音是清亮的，柔和的，甜美的，动听的。

要口齿清楚，不要有太多的尾音，每个音节之间要有恰当的停顿。声音太大了会让人反感，让人感觉是在装腔作势；音量太小会使人听着费劲，误以为怯懦。一般要根据听者的远近，适当控制自己的音量，最好控制在对方听得见的限度内。

注意说话速度，应追求一种有快有慢的音乐感。可以放慢速度强调一些主要词句，在一般内容上稍微加快变化。单调如一的声音，如同催眠曲，令人厌烦。随着内容和情绪的变换，说话的音量和音调也应该发生变换，时而侃侃而谈，如淙淙流水；时而慷慨激昂，似奔泻的瀑布。在不同声音段里，要有高潮、有舒缓、有喜忧，才能引人入胜，扣人心弦。

一般演说家的秘诀是：巧妙地利用嗓音来加强语言效果。优美的嗓音富有磁性，具有声乐感，一开口就能吸引住对方。

经过不断练习，你也可以拥有甜美柔和的声音，让你拥有一副优美动人独具魅力的好嗓音，你的气质也会全面提升。

3. 话不在多，沉默有时更有气质

优雅的女人，不仅声音不高，大多话也不多，很少会长篇大论、滔滔不绝——除非上台演讲。平常说话、聊天甚至谈判，都懂得“沉默是金”的道理，通晓沉默的艺术。该出声时出声，不该出声时一定会适时地保持沉默。这不仅是高明的说话艺术，也是一个内涵女人修养和素质的体现。

如果在谈话中，不懂得说话的忌讳，管不好自己的嘴，不懂得什么时候该说什么话，什么场合什么话应该说，什么话不该说，无所顾忌，就会造成尴尬，损害自己的形象，也影响自己的人际关系。

长相甜美的小亦，是个经常把天聊死的典型。凡是聚会，她要么不说话，要么一开口，别人想接都没法接；或者原本聊得高高兴兴的，她一插嘴就冷场。

有一次年底同学聚会，大家都其乐融融，开开心心，互相交流心得和感触。聊着聊着，小亦忽然间伤感起来：“一转眼都奔三了，现在想想，人生也就那么一回事儿吧，真没意思。要是没有老公，没有孩子，真不知道活着有啥意思。”

一时间，那些没结婚的，或者暂时没孩子的，脸上都有些不好看了，大家都有些无措，热闹的场面瞬间冷场。偏偏小亦一点儿眼力劲儿也没有，不仅没发现大家因为她的话冷场了，反而很有兴味地想要打破冷场。于是马上转向一个女同学，关心地问，对了，你家那位怎么没来？

这个女同学脸色一变，摆摆手，尴尬地笑了笑。旁边的人悄悄拉了拉小亦，示意她别问了。可是她完全没有反应过来，继续说："是家里比较忙吧，毕竟自己开店的"。女同学直接和别人说话去了，没再搭理她。这位同学刚离婚，本来心情就不好，偏就小亦"哪壶不开提哪壶"，这天还怎么聊下去？

生活中并不是每一个人脑子里都绷着那根名为"话不能乱说"的弦，有些人不擅长看气氛，只顾自己表达得痛快，完全没考虑听者的感受。就算你悄悄提醒他们"这时候不适合说这种话"，她们的反应却是"要什么紧我又没说错"。这样的人只会给人修养欠佳、缺乏内涵的不良印象，而且下次再也不想和这样的人交往。

会说话的女人，未必个个都是口若悬河之辈，也可能寡言惜字，但一定是察颜观色的高手。她们不仅知道什么场合该说什么话，还时时刻刻留意对方的反应。只要对方稍微面露尴尬，说话高手就会立即调整自己的措辞，让听者重新回归舒适安心的状态。这才是良好素养的体现。

说话的关键，是说到点子上，说到关键处， 而并非要滔滔不绝。所谓"好话不在多"，适当地沉默，有时比不断地说，更有效果，更有力量，也更能体现出自己优雅的风度。

某机关有一个女孩子，平日只是默默工作，并不多话，而且和人聊天也总是微微笑着，大家都很喜欢她。第二年机关里又招聘了一个女孩，这个女孩却是个争强好胜、盛气凌人的性子，见谁不顺眼都要争一把。这一天把矛头指向了那位沉默的女孩子。

抓到那位沉默女孩的一点小把柄，就立刻点燃火药，辟里啪啦一阵猛轰。谁知这位女孩子只是默默笑着，一句话也没说，只偶尔问一句："啊？"气得那位盛气凌人的女孩满脸通红，却毫无办法，只好鸣金收兵。

沉默是金，有时沉默不语能够出奇制胜，假如滔滔不绝，反而有理说不清。其实，不知道说什么，不确定有些话该不该说的时候，适时地保持沉默，才是最好的选择。正所谓言多必失，过犹不及。说得过多，不知道克制，只会适得其反。

台湾作家林清玄说："最好的表达是沉默，而不是语言。"在人际交往中，各人的生活阅历、学识水平、社会地位各异，观察问题的角度和思维方式不同，见解必然迥异。然而，在一些无关紧要的问题上的细小分歧，三缄其口，洗耳恭听，颔首微笑也是一种有效的处理方法。否则，各执己见僵持不下，互不相让，只能令双方都不愉快。此时，保持适度的沉默，撤出争论，表现出自己的宽广胸怀，则有利于促使对方冷静下来，缓和矛盾，避免事态激化，自然也更能展现自己不同凡俗的气质。

沉默是金，不是不管什么时候都默不作声，而是不该说的别乱说。有些人话多，话多就容易说漏嘴，所谓"言多必失"。还有就是在某些场合，轮不到自己讲话，就不能开口。比如跟老板、领导一起出席某个会议，老板都没有发言，你却抢着侃侃而谈，风头盖过老板和领导，那就太不懂礼节，形象也会受损。还有女性特别容易犯的一种错，就是爱"长舌"，爱说是聊非，爱窥探隐私等，应当要特别注意，不要谈论他人的私事，更不要乱说别人的隐私；当然也包括单位的机密，不该往外说的事情等。这些就是不该说的不乱说，做得到，就是沉默是金。

沉默的力量，并不输于语言。沉默可以通向有声有形的语言所不能到达的地方。所以学会"忍住不说"的女人，往往更有力量。只有平庸的女子才会大吵大闹不可开交，真正聪明优雅的女子总是最懂得沉默是金。

其实这在很多场合都能得以佐证，越是话少的女性，越给人一种优雅高贵的感觉，让人心生敬佩；越是话多不停聒噪的女性，越让人觉得俗不可耐，令人生厌。

总之，有魅力的女人，绝不是喋喋不休的"怨妇"，也不是多嘴碎嘴的"长舌妇"，更不是捶胸顿足、骂街撒泼的"泼妇"，而是出言文雅、一语中的又懂得得沉默是金的女人。

4. 多使用敬语雅言，让你的气质与众不同

女人的优雅，还表现在出言的文雅和文明上。出语斯文的女人，纵然是荆钗布裙，也会给人以落落大方、秀外慧中、斯文雅致之感；出言粗俗、脏话满口的女人，即便锦帽貂裘、雍容华贵，也难以掩盖其肤浅的灵魂，恶俗的气质。所以女人的谈吐直接反映出她的个人修养和内涵，气质高雅还是恶俗，就在开口的那一瞬间。

因而女人说话时，务必注意语言的文雅文明，斯文庄重，绝不可污言秽语，出口成脏，也不要尖酸刻薄，抱怨谩骂。不管任何时候与人沟通，都使用敬语和雅言，一定会让自己从内而外散发高雅斯文的气质。

所谓敬语雅言，也就是礼貌用语，是指约定俗成的、文雅别致、规范正式的专门用语。

例如，初次见面，要说“久仰”；好久不见，要说“久违”；客人到来，要说“光临”；等待客人，要说“恭候”；探望别人，要说“拜访”；起身作别，要说“告辞”；中途先走，要说“失陪”；请人别送，要说“留步”；请人批评，要说“指教”；请人指点，要说“赐教”；请人帮助，要说“劳驾”；托人办事，要说“拜托”；麻烦别人，要说“打扰”；求人谅解，要说“包涵”，等等。

一般礼貌用语可以分为敬语、谦语和雅语。

（1）敬语

敬语，亦称“敬辞”，它与“谦辞”相对，是在人际交往活动中蕴含着对他人表示敬重、礼让、客气等内容的语言表达方式。敬语是谈吐

文雅的重要体现，是展示谈话人风度和魅力必不可少的基本要素之一，是尊重他人并获得他人尊重的必要条件，是人际交往达到和谐融洽境界的推动因素。除了礼貌上的必须外，多使用敬语，还可以体现出一个人的文化修养。

敬语通常较多地用于以下一些场合：比较正规的社交场合；与师长或身份、地位较高的人交谈；与人初次打交道或会见不太熟悉的人；会议、谈判等公务场合，等等。

敬语包括问候型敬语、请求型敬语、道谢型敬语、致歉型敬语。

问候型敬语即人们彼此相见相互问候时使用的敬语，通常有："您好""早上好""久违了"等。问候型敬语的使用既表示尊重，显示亲切，给予友情，而且也充分体现了说话者有教养、有风度、有礼貌。

请求型敬语就是在请求别人帮忙时所使用的一类敬语，这类敬语通常有"请""劳驾""请多关照""承蒙关照""拜托"等不同表达方式。

道谢型敬语是指当自己在得到他人帮助、支持、关照、尊敬、夸奖之后表达谢意时所使用的敬语，这类敬语最简洁、及时而有效的表达就是由衷地道一声"谢谢"。除此之外，属于这种类型的敬语还有"承蒙夸奖、不胜荣幸""承蒙提携"等。

致歉型敬语。在现代生活中，人际交往的层面不断扩大，人际关系的网络也日趋复杂，这使得人际之间的摩擦时有发生。而当自己的行为对他人造成伤害或消极影响时，最平常的致歉型敬语即是："对不起""请多包涵""打扰您了""给您添麻烦了""非常抱歉"等。

当然在人际交往活动中，敬语的使用是非常普遍的，除了上述四种类型外，还有很多，如向人道贺用"恭喜"；赞赏见解用"高见"，欢迎消费者"欢迎光临"；问老人年岁用"高寿"；称小姐年龄用"芳龄'；说他人来信为"惠书"，等等。但是不管运用何种敬语，在表达上都要注意：首先敬语的使用要本着诚心诚意的原则，不能作为只是形式上的应付或敷衍塞责。其次要根据不同对象，不同场合，不同氛围灵活掌握敬语的使用，既要体现出彬彬有礼，又要不落俗套。使用敬语时还应认真、直截了当，不要含糊不清，同时还要注意对方的反应，并辅之以必要的体态语言。总之要力求通过敬语的表达使从事人际交往的人们在心里产生反响和共鸣，促进感情的进一步交流。

（2）谦语

谦语，亦称“谦辞”。前面说，它与“敬语”相对，是向人表示谦恭和自谦的一种词语。

谦语的用途，较之敬语要稍少一些。后者在常用语中多见，口语化的程度也较高些，而谦语则较多地出现在书面用语中。谦语最常用于在别人面前谦称自己和自己的亲属。例如,称自己为“愚”,介绍亲属称“家严、家慈、家兄、家嫂”等。谦称自己辈份低和年龄小的亲属时，则在称谓前冠一个“舍”字，如“舍弟、舍妹、舍侄”。对自己的子女及其配偶，则在称谓前冠一个“小”字，如“小儿、小媳、小女、小婿”。但需要注意的是，这里既已冠以“家”“舍”“小”等字，其中已包含有“我的”意思在内，所以，不能再赘称为“我家兄”或“我小儿”等，这样就无异是“画蛇添足”，多此一举了。

自谦和敬人，是一个不可分割的统一体。尽管日常生活中谦语使用不多，但其精神无处不在。只要你在日常用语中表现出你的谦虚和恳切，人们自然会尊重你。

（3）雅语

雅语是指一些比较文雅的词语。雅语常常在一些正规的场合以及一些有长辈和尊者在场的情况,被用来替代那些比较随便,甚至粗俗的话语。多使用雅语，能体现出一个人的文化素养以及尊重他人的个人素质。

在待人接物中，要是你正在招待客人，喝茶，你应该说：“请用茶”。如果还用点心招待；可以说：“请用茶点。”假如你先于别人结束用餐，你应该向其他人打招呼说：“请大家慢用。”雅语的使用不是机械的、固定的。只要你的言谈举止彬彬有礼，人们就会对你的个人修养留下较深的印象。

气质女人除了要学会敬语、谦语和雅语的使用外，尤其要注意的是下面这“五句十字”礼貌语的经常使用，多多益善，甚至时时挂在嘴边也无妨。常言说“礼多人不怪”，每一句话都礼仪周全，必然会让你处处受宠，事事顺利。

①您好

“您好”，是一句表示问候的礼貌语。遇到相识者与不相识者不论是深入交谈，还是打个招呼，都应主动向对方先问一声“您好”。若对方先问候了自己，也要以此来回应。在有些地方，人们惯以“你吃了饭没有”“最近在忙什么”“身体怎么样”“一向可好”来打招呼，问候他人，但都没有“您好”简洁通行。

②请

“请”，是一句请托礼貌语。在要求他人作某件事情时居高临下、颐指气使不合适，低声下气、百般乞求也没有必要。在此情况下，多用上一个“请”字，就可以逢山开路、遇水架桥，赢得主动，得到对方的照应。特别是女性，凡事礼仪周全，习惯于用“请”，一般来说，大家都是愿意帮忙的。

③谢谢

“谢谢”，是一句致谢的礼貌语。每逢获得理解、得到帮助、承蒙关照、接受服务、受到礼遇之时，都应当立即向对方道一声“谢谢”。这样做，既是真诚地感激对方，又是对于对方的一种积极肯定。

④对不起

“对不起”，是一句道歉的礼貌语。当打扰、妨碍、影响了别人，或是在人际交往中给他人造成不便，甚至给对方造成某种程度的损失、伤害时，务必要及时向对方说一声“对不起”。这将有助于大事化小，小事化了，并且有助于修复双方关系。

⑤再见

“再见”，是一句道别的礼貌语。在交谈结束、与人作别之际，道上一句“再见”，可以表达惜别之意与恭敬之心。

优雅而有内涵的女性，时刻注意自己的言行，开口温润有礼，出语文雅斯文，多说敬语、谦语、雅语，自然让人感觉到你斯文雅致的气质，让人不敢轻视和冒犯。

5. 良好的交流艺术，让气质尽显

俗话说“话不投机半句多”，说话最高级的技巧，就是把话说下去，把天聊下去，大家相谈甚欢，轻松愉快，才是最高超的交流技巧。而女性拥有这样的交流技巧，不仅会让自己收获良好的人缘，也可尽显高雅的气质。

会沟通、会交流，说到底就是会说话。一个能说会道、巧舌如簧的女人，能很好地与人沟通和交流，不仅可流利地表达出自己的意图，而且能够把道理说得很清楚、动听，使别人很乐意地来接受，不知不觉间，气质就会展示出来，透出一种与众不同、卓尔不凡的风采，让自己魅力四射，受人欢迎。

大家都熟悉的《红楼梦》里的王熙凤，就是一个善于说话的典范。林黛玉进京，小心翼翼初登荣国府时，王熙凤的几段话就展现了她“会说话”的超凡才能。人未到，却先听其笑，先闻其声：“我来迟了，不曾迎接远客！”人未到声先闻，这份热情已经先声夺人。

见面后，王熙凤拉过黛玉的手，上下细细打量了一回，仍送至贾母身边坐下，笑着说：“天下竟有这样标致的人物，我今儿算见了！况且这通身的气派，竟不像老祖宗的外孙女儿，竟是个嫡亲的孙女儿，怨不得老祖宗天天口头心头一时不忘。只可怜我这妹妹这样命苦，怎么姑妈偏就去世了！”一席话，既让老祖宗悲中含喜，心里舒坦，又叫林妹妹情动于衷，感激涕零。

而当贾母半嗔半怪说不该再让她伤心时，王熙凤话头一转，又说："正是呢！我一见了妹妹，一心都在她身上了，又是喜欢，又是伤心，竟忘了老祖宗。该打，该打！"

这位凤姐真是个会说话的"标本"！就这几句话，不止是夸了林黛玉，奉承了贾母，顾及了邢夫人和王夫人，也变相地夸了迎春探春惜春三姐妹，还直接了当地把贾母对林妹妹的疼惜夸了出来。

短短几句话，哄得一屋子的人个个心里舒服，这样高明的说话艺术，真是让人不服不行。曹公慷慨地将这样一位八面玲珑、聪慧机巧的女子分在了"红楼十二钗"里，可见对女人高明的说话艺术也是极为看重的。

现代社会也是一样，那些会说话、嘴巴甜、沟通技巧高明的女人，总是更让人折服，更受人青睐和敬重。因为会说话的女人懂得恰当赞美，让人听了如沐春风；懂得什么时候该温柔婉转，什么时候该仗义执言，入耳就感觉舒服；会说话的女人会针对不同的人，采取不同的语言策略，让人听得开心；会说话的女性能适时转变话题，不让气氛冷场，也不让对方难堪；会说话的女性，时时处处都会顾及现场所有人的感受，不会得罪任何一个人……而她们的气质和风采，也在她们的温言软语中展现无遗。

公司里的老朱穷毕生之积蓄，在繁华的市中心买了二居室的新房，装修完毕后兴致勃勃地请公司同事到家里做客。有一位男同事稍懂建筑学，看到新房子客厅四周全是门，是新房老结构，开始大发评论：房子是好，可惜从建筑学上说，结构被打"破"了。装饰的木雕是漂亮，可房子却显得更小了。老朱不高兴了：叫你们看新房子，你们却说"破"了"小"了，真是不吉利。

和老朱关系很好的小萌看到老朱的脸色，马上说："不破不立，原来的格局被你的装修风格很好地解构了，现在这样的格局，既大方时尚，又明亮宽敞，门多说明财源更广，朱老师，您的房子要成一个聚宝盆了！"老朱听了连声问"真的呀？太好了。"随同的几个女同事一下子全都开了穷，纷纷夸赞这房子装修得大气、得体。气氛一下子就好起来了。

良好的沟通交流艺术,很多时候都是拉近人际关系的最好的润滑剂。会说话的女人，一开口就让人听得舒服。善于察言观色、顺着别人的心思往下说，是一种最为讨巧的说话方式，但这并不是说要去刻意奉承、恭维，而是适当地夸赞，就能有效地消除尴尬，拉近人与人之间的距离。

沟通交流， 是一门大学问，女人应该多培养自己这方面的能力，学会聊天技巧，从而增添自己的魅力。学会下面这几点，会大大提升沟通交流的水平，让自己的魅力从谈话聊天中显现。

（1）找对话题，避免话不投机

不管和谁交谈，都会有实际的内容，而不仅仅是寒暄一下完事。所以找对话题很重要，不然谈话就谈不下去。比如：

小张：你读过《简爱》吗?

小李：没有。

小张：那你读过莎士比亚吗?

小李：也没有。

话题不对，这交谈还怎么持续？而且两个人都会感觉很糟，还会极大地影响交谈的氛围。因而找对话题并善于找话题的女人，不仅会让人感觉与你聊得投机，更会让人对你平生敬意，感受到你的魅力。

一般来说，交谈时以下五种话题，是适宜把聊天进行下去的，女性可以根据不同的聊天对象进行选择。

一是既定的主题。既定的主题，即交谈双方业已约定，或者其中一方先期准备的主题。例如，求人帮助、征求意见，传递信息、讨论问题，商务谈判等。这种主题适用于正式交谈。

二是高雅的主题。高雅的主题，即内容文明、优雅，格调高尚、脱俗的话题。例如，文学、艺术、哲学、历史、地理、建筑等，都是高雅的主题。适用于各类交谈，但要求面对知音，忌讳不懂装懂，班门弄斧。

三是轻松的主题。轻松的主题，即谈论起来令人轻松愉快、身心放松、饶有情趣、不觉劳累厌烦的话题。例如，文艺演出、流行、时装、美容美发、体育比赛、电影电视、休闲娱乐、旅游观光、名胜古迹、风土人情、名人轶事、天气状况，等等。它适用于非正式交谈，允许各抒己见，任意发挥。

四是时尚的主题。时尚的主题，即以此时、此刻、此地正在流行的事物作为谈论的中心。

五是双方都感兴趣的主题。谈话要投机，共同的兴趣是重要的前提。寻找一个双方都感兴趣的话题，有利于交谈继续。

（2）高明开头，让话题继续

话题对了，也不一定能聊下去，沟通的技巧更重要。比如前面的这个例子，如果看书这个话题是对的，小张应当把问题变换一下，问："你平常喜欢看什么样的书？"这样，不论小李的喜好是什么，话题都可以继续下去。比如：

小张：你平时喜欢看什么样的书？

小李：我喜欢玄幻类的书，这一类书能吸引我的好奇心。

小张：我也喜欢玄幻类的书。最近很火的那部还被拍成了动画，人物被魔改了，很有趣。

小李：是的是的，那个人物是我最喜欢的一个，魔改后更好玩了。

……

如果两个人的爱好相同，就可以往深里聊，如果两个人爱好不同，也可以海阔天空乱侃一通。比如小张不喜欢玄幻类的，那她可以说："玄幻类的我看得不多，我喜欢科幻类的。对了，你觉得哪本玄幻类的书好看？"……话题有效地继续下去了，并且是以双方舒服的方式。

所以，聊天开始要开一些开放式的头，能发散出去的，也就是不管对方如何回答都能继续下去的一些问题。比如前面说的，你不必问对方看过某一本具体的书没有，而要问喜欢看些什么书。哪怕对方说"不喜欢看书"，你也可以顺水推舟问他喜欢什么，让聊天继续。不要问"你去过某个地方吗"，而要问"你爱去哪些地方"；不要问"你喜欢谁谁谁吗？"，而要问"你喜欢什么样的人"。

（3）巧妙回答，把球再抛过去

双方沟通交流，如同玩接球游戏，不应该是单向的，而是双向的，一来一往，才能持续下去。假使有人掉了这个球，除非捡回再丢过来以外，必然会有一段难堪的时刻。优雅的女人懂得不让球掉下去，把球接住，而且还能轻轻松松再递过去。在别人的眼里，当然气质不凡。比如：

小张：我觉得丽丽长得很美。

小李：美吗？我咋觉得难看？

小张没法往下接了。

那小李该怎么样回答，才能让话题继续下去呢？秘诀就是“顺着说”，让话题延伸、延展、延续。小李应当说：“是的，她真的很美。而且她今天的打扮也很美。”巧妙地把话题延伸到了打扮上，这样就能顺利地继续了。

小张：是的是的，她穿的那条粉裙子我也好喜欢，不过我更喜欢蓝色。你觉得蓝色适合我吗？

小李：很适合你呀，你皮肤白，蓝色特别配你。对了，你在哪里做的保养，我也该护肤了。

小张：好呀，下回我带你一起去。她们那儿的面膜做得很好……

就这样，互相之间你来我往，互相把球抛来抛去，话题无限，气氛愉悦，即能便是最普通的话题，也聊得相当愉快。

（4）适当赞美，拉近彼此距离

交谈时适当的赞美，可以让你更优雅大方，受人欢迎。因为喜欢赞美，是人的天性，在交谈中，真诚的赞美和鼓励，能让对方心情愉快，终身难忘。

说句简单赞美的话，不是一件难事，生活中处处有值得赞美的地方，任何人都有他的优点和长处。不十分漂亮的人，可能有着“优雅的气质”“善良的心灵”；做工不甚讲究的衣服，也许质地优良；事业不很顺心的人，可能有着完美的值得称羡的家庭……总之，只要你愿意，并且以真诚之心去发现，一个人总是有值得你赞美之处的。

赞美是一门需要修炼的艺术，但只要你窥破了它的“秘诀”，你不但能赞美别人，而且能如意地得到别人的赞美。

善于从小事上赞美别人，可以给人惊喜。别人的闪光之处，哪怕微乎其微，经过你无“微”不至的赞美，小事就不小，其意义自然而然显现出来，对方就会有愉快的感觉。过分地、太夸张的赞美就会变成阿谀奉承，让人感觉不到真诚，只留下虚浮和矫揉造作的印象。所以赞美的话也需要适当地修饰，让赞美恰到好处，让对方更能接受，听得更入耳。

赞美别人千万不可触及对方的忌讳，否则，极易引起他人的反感，得不偿失，也让自己陷入尴尬之中，有失风度。

（5）注意细节，让你的形象更高雅

聊天最重要是保持轻松愉悦的氛围，让对方愿意与你继续聊下去。因而保持微笑，亲切大方，沟通的效果当然会更好。

如果被人问到不想回答的私人问题或让你不舒服的问题，可以微笑地跟对方说：“这个问题我没办法回答。”既不会给对方难堪，又能守住你的底线。

有多人聊天时，比如商务伙伴，千万别只对着一个人，即使他再幽默风趣。要照顾到每一个人，这样更显风度和气质。

切忌议论他人的隐私和缺点，否则会给人留下庸俗无聊、搬弄是非的印象。当别人聊起某人的八卦或传言时，不要随便应声附和。最好的方法就是不表明自己的立场，只要说：“你说的这些我不太清楚。”

措辞要委婉得体，尽可能把“硬梆梆”的话、不乐意听的话，说得得体、中听。在建议、要求或者有求于人时，应该少用祈使的语气，委婉客气一些让对方从感情上、心理上觉得他是重要的、主动的。比如：“明天下午把材料发给我”和“材料最迟明天下午就发给我，好吗？”这两句话基本意思一样，但从感情色彩、心理接受度上却完全不一样。

若是不小心谈到一些让对方伤感、不快的话题，要立即将其转移，必要时向对方道歉，如疾病、挫折、死亡等。在别人讲话的时候，尽量不要中途打断或是和人争辩。万一交谈时因他人原因导致冷场，应该努力“救场”，转移旧话题，引出新话题。

最好记住别人的名字。这样会让人有一种被尊重、被重视的尊崇感，使沟通更加容易。

总之，文雅大方的谈吐会给人留下深刻的印象，也让你的风韵和气质可以完美地展现，魅力大增。

6. 幽默风趣，为气质添姿增彩

人们常说，幽默是思想、学识、智慧和灵感在语言运用中的结晶，是一瞬间闪现的光彩夺目的火花。一个女人有了美丽的外表、出众的才华、高雅的气质，并不足以证明她的聪明可爱，聪明可爱的女人一定还要有幽默感。

幽默是一种风度，一种优雅，一种灵魂修养，一种高层次的人生品位。在繁忙的工作中增点幽默就会减少点摩擦，能更好地调节人际关系，于人于己都是有益无害的。一个女人，温柔、妖媚之外，如果还很幽默，令与她相处的人总感到愉快的话，这样的女人无疑更加具有吸引力。

在职场，有幽默感的女人更能赢得良好人缘，在竞争中轻松获胜，在事业上更胜一筹。

一家电视台招聘主持人，有一道题目是："'三纲五常'的'三纲'具体指的什么？"一位年轻的女孩一慌张回答说："臣为君纲、子为父纲、妻为夫纲。"惹得几位招聘官都忍不住笑了起来，因为她正好把"三纲"的关系颠倒了。

女孩这才反应过来，不过她马上纠正说："我说的是新时代的'三纲'，我国人民当家作主了，当然是'臣为君纲'；现在的孩子都是小皇帝，这不是‘子为父纲’吗？现在女性的地位越来越高，家中大多是女人当家，这不是‘妻为夫纲’吗？”几位招聘官一听笑得更欢了。不过也都为女孩子的随机应变能力和机智幽默所折服，几位招聘官一致同意录用了女孩。

同样，在家庭中，懂一点幽默的女人，更能轻松化解矛盾，与丈夫和家人和谐相处。

有一次，亲戚家的一个小孩子到家里来玩，吵着要游水，刚好家里有一个塑料的小型游泳池，于燕的老公就把它拿出来支好，往里放水让孩子玩。原本装水三分之二就足够小孩玩了，但老公还不停地往里倒水。于燕就提醒老公说水够了。谁知道老公却说：“你也太抠了嘛，倒两盆水也舍不得？”于燕一听丈夫误解了，当着亲戚的面也不好再说，那样太不给丈夫面子了。聪明的于燕抱起4岁的小孩一边亲，一边说：“你要好好游哦，你看你伯伯，第一次游泳就直接让你进深水区，都不在浅水区里先试试。”老公一听，明白了于燕的意思，不由扑哧笑了，也就不再加水，带着孩子玩去了。

你看，原本就要吵架的事情被一句幽默轻松化解了。女人不是因为美丽才可爱，而是因为可爱才美丽。幽默的女人不一定美貌，但一定可爱。

一个女人，温柔，妩媚，智慧而高贵，如果她还同时拥有幽默，一定会气质倍增，魅力无穷。

有人说，一个没有幽默感的女人，就像鲜花没有香味，只有形，没有神。那外表的光鲜，让人感觉就是少了一口气。走在风和日丽的阳光下，甩一甩长发，俏皮地幽默一段，勇敢地自嘲几句，难道不更加迷人吗?

那么，女人在日常的生活中怎样培养自己的幽默感呢?

（1）积极乐观的心态。幽默是一种宽容精神的体现。幽默的心理基础是乐观、积极向上的心态。一个悲观颓废的人是没有心情幽默的。要善于体谅他人，要使自己学会幽默，就要学会宽容大度。要培养自己的抗挫折能力，做事情不怕失败，即使失败也要看到事情积极的一面，而不是一味地怨天尤人。而且，幽默与乐观是亲密的朋友，只有乐观的人才能把困境抛开，敢于戏谑困境，让生活中永远充满笑声。

幽默的女人是乐观的，能言善辩，反应机智，这需要有一种快乐成熟的达观态度，而且在身处逆境之时，也能够从容镇定，开朗豁达，这样才能领略到人间不一样的风景。

（2）自信。真正幽默的人，其实是自信的人，不怕被人嘲笑，而且非常善于自嘲，这种自嘲实际上是建立在自信的基础之上。

（3）敏捷的思维能力。幽默的人是智慧的，因为幽默常常需要机智。而且幽默的人观察事物有自己的角度，不因循守旧，对事物有自己的看法，观点新颖，因而常常出语惊人。平时多提高观察事物的能力，培养机智、敏捷的思维，是提高幽默感的一个重要方面。只有迅速地捕捉事物的本质，用恰当的比喻、诙谐的语言，才能使人们产生轻松的感觉。

（4）要培养理解能力。一个人只有具备审时度势的能力和渊博的知识，才能做到谈资丰富，妙言成趣。要培养幽默感必须广泛涉猎，充实自我，不断地从浩如烟海的书籍中收集幽默的浪花，从名人趣事的精华中撷取幽默的宝石，然后用心体味，从而能让自己幽默，也更能欣赏别人的幽默。

（5）语言表达能力。丰富的词汇有助于表达幽默的想法。如果词汇贫乏，语言的表现能力太差，那也无法达到幽默的效果。空闲时多看看幽默故事、机智故事等，训练思维的敏捷性，丰富自己的词汇。

（6）多与人交往，多学习新的知识。有广博的知识才能天马行空，不拘一格。孤陋寡闻的人是很难有真正的幽默的。平时多读、多看，多听、多学，拥有的幽默资料也就多了，多模仿、借鉴、参考和使用幽默的语言，幽默就会成为你自己所拥有的财富。

7. 懂得倾听的女人，更受人尊重

俗话说："会说的不如会听的"，一个懂得倾听的女人，比一个会说话的女人，更受人尊重。

因为善于聆听的女人，温柔可人，光只她专心致志的样子，就已经有曼妙的风致了。很少有人会忽视一个专心聆听的女人，她眼中所包含的赞许，她脸上所表现出来的对说话者的尊重和诚意，她专心而温柔的注视，她赞同的点头，她微笑而重视的表情，会让每一个倾诉者不由自主地把心思一吐为快，并把她引为知己，对她看重又敬重。

有的女人不同，特别善于说，滔滔不绝，洋洋洒洒，一说三小时可以不重复，自己并不以为这有何不妥，反倒为自己的能说会道沾沾自喜。殊不知越是能说的女人，越让人心生厌恶，让人觉得气质恶俗，不把她说的话当回事。许多女人之所以不受欢迎，就是因为只顾着自己说得天花乱坠，而忽略了安静倾听。

小娟是一个"能说会道"的女人，她滔滔不绝的口才经常让旁人为之折服。但是，小娟的职场之路却并不顺利，她的这份难得的口才并未为她带来好的前途。相反，还引得同事和领导的反感。小娟很不理解，自己的能说会道，办事有力，本应当受到大家的尊重和欢迎，晋升升职很正常，为什么自己还这么不受待见呢？

还是她的好朋友兼领导马丽告诉了她个中的原由："太能说"。不管什么时候，小娟随便拉个人都能跟他们像老朋友一样说大半天，开个会或是大家讨论项目，也是一说话就"刹不住车"，别人都没有办法插上话，但说的这些却全是废话，于工作于项目并没有多少用处，白白浪费时间。长此以往，谁愿意听她说话，谁又会把她说的话当回事呢？升职、加薪，自然也就没她什么事了。

马丽给她开了一剂药方：少说多听。小娟记住了，并身体力行，一点点改变，不是非说不可的话，绝对不让自己张口，别人说话时，也不再抢话插话挤话说，而是认认真真、专心致志地听。半年不到，小娟惊奇地发现，愿意听她说话的人多了，自己说的话也开始有分量了，有时候开会，领导还专门点名要听她说。

会听的人往往比会说的人更受欢迎。当你和一个人说话时，对方看着你，洗耳恭听，而和另一个人说话时，对方总是打断你、抢你的话题或不停地做其他的事情，这两个人你更喜欢哪一个呢？答案很明显，你会选前者，而不喜欢后者，因为后者不懂得倾听。

在生活中，最有魅力的女人一定是一个好的倾听者，而不是滔滔不绝、喋喋不休的人。倾听，不仅仅是对别人的尊重，也是对别人的一种赞美。也许在交谈过程中她并没有说上几句话，但是她一定会得到他人的肯定，认为她是善于言辞的人。

当然，倾听不仅仅是保持沉默，用耳朵听而已。如果我们只用眼睛或耳朵来接收文字，而不用心去洞察发现对方的心意，就没有达到交流的目的，结果只是浪费时间。女性真正的倾听，是要用心、用眼睛、用耳朵去听，要达到这种境界，要注意以下倾听的技巧。

（1）及时用动作和表情给予回应。听话不仅仅是单纯地听，而是要恰当地运用自己的姿态、表情、插入语和感叹语，给予对方恰到好处的回应。如微笑、点头等，都会使谈话更加的融洽。用眼睛专注地注视对方，表示对他的话感兴趣；若东张西望，心不在焉的样子，或者一会儿看看手表，这就是在告诉别人你很无聊，不想再继续听下去了。

（2）适时适度的提问。这是一种倾听的方法，它能够给讲话者以鼓励，有助于双方的相互沟通。要使别人对你感兴趣，那就先对别人感兴趣。问别人喜欢回答的问题，鼓励他人谈论自己及他所取得的成就。

（3）必要的沉默。沉默是人际交往中的一种手段，它看似一种状态，实际蕴含着丰富的信息，就像乐谱上的休止符，运用得当，则含义无穷，真正可以达到“无声胜有声”的效果。不过沉默不是不分场合，故作高深一言不发。沉默一定要与语言相辅相成，才能获得最佳的效果。

（4）千万不要带着情绪。带着情绪是没有办法很好地倾听别人说话的，只有我们自己情绪平稳的时候才能更好地听对方说话。

（5）不可随意打断别人。有的人常常在对方还在说的时候，就打断对方的话，表达自己的想法。这不仅不礼貌，也不利于交谈继续。多次被打断以后，对方可能就不再愿意继续说了。所以在倾听的时候，要告诉自己：我先听听看他（她）要说什么，不急着评判和给建议，不要随意打断别人。

倾听是善意的表示，是真诚的象征，更是建立同感、沟通心灵的基础。善于倾听的人，永远是深得人心、受人尊重的人。在工作和生活中，最有魅力的女人一定是一个好的倾听者，而不是滔滔不绝、喋喋不休的人。懂得倾听的女人，往往比巧舌如簧的女人更受大家的信赖和欢迎。

第七章 仪态万方，绰约风姿成就女人的万种风情

常言说，『女人之美，三分在长相，七分在仪态』，仪态美好，美人韵致和风情，自然就有了。行走坐卧间风姿绰约，举手投足时韵味高雅。立如芙蓉出水，坐如牡丹含蕊，一动一静时自有风标高格；巧笑倩兮，美目盼兮，一嗔一怒间都风情万种，这样的女人，自然魅力四射，令人着迷。

1. 女人的气质，三分在长相，七分靠仪态

常言说，“美人在骨不在皮”，说的就是女人的气质和美，不在皮相、在外表，而在骨相、在内里、在仪态。有些容颜漂亮的女人，并不能给人深刻的美的印象，反倒是一些容貌并不出众、仪态却自有万千风情的女人，让人惊为天人，觉得美到了骨子里。这正是我们常说的：“女人之美，三分在长相，七分靠仪态”。仪态美好，美人韵致和风情，自然就有了。

就像经典电影《罗马假日》里饰演安妮公主的奥黛丽·赫本，是那样纯真浪漫，优雅迷人，她有最真挚的笑容，最性感的小蛮腰，最漂亮的发型，最优雅的谈吐，最温柔的爱心，仪态万千，俘获人心。至今仍活在很多人心目中。仪态端庄、优雅的女人，举手投足间都显露出个人的涵养。看着她们，就像欣赏一幅画一样，她们早已化身美的艺术品。

但许多女性并不明白，常常把美看作是穿衣打扮，浓妆淡抹，或是搔首弄姿，展露风情。这也是美，但不是实质的美。我们常可以看到一些女孩，尽管打扮时髦，但站没有站相，走也没有风姿，笑没有韵味，说缺少文雅，这很难说是真美，至多是美有其表，而少有其质。

有的女人把气质修炼当成是身材管理，热衷减肥瘦身，热衷于买各种各样的衣服、配饰及化妆品，想要把自己打扮成气质女神。但与此同时，却跷二郎腿、低头玩手机、不懂自律、不注重仪表仪态的管理，即便真是瘦成了一道闪电，也弥补不了仪态不美的欠缺。

仪态好，仪态美，才足以谈气质，多少女性忽略了仪态的重要性。

其实稍稍地改变一下体态，修炼一下仪态，气质就会有大的不同。

（1）纠正含胸驼背

一般体态问题会比较容易集中在上半身，像圆肩、驼背、探颈，是最影响人气质和体型的不良体态。而含胸驼背是最常见的仪态问题，也是让气质“崩塌”的大问题。

含胸驼背，是指胸腔没有打开，习惯于被双臂护住，从而导致手臂前伸、肩部塌陷、背部向后蹶起的一种不良姿态。驼背会使横膈膜处于紧张状态，造成大动脉和腔静脉的压迫，使心脏负担加重。不仅如此，这种问题体态最直接导致的是视觉上的显矮显胖，很多含胸驼背的女孩一旦站直，人都要高出好多。含胸驼背立矮 5 公分，脖子前伸，身体塌缩，再瘦的人看起来都是垮垮的，没一点精气神，这样的姿态，哪来的气质呢?

要改善含胸驼背，一要站得端正。下颚微收，双手自然下垂，两腿并拢，足尖向前。两肩平齐，双眼直视前方。可以面对着镜子纠正自己的站姿或找专业人士进行纠正，以达到最佳姿态有效矫正。

二可俯卧拉伸。俯卧地上，膝关节伸直，绷脚尖，两臂前举，两臂与两腿同时从两头抬起，腰背肌肉紧缩，然后还原，做 8 ~ 12 次。要求起时两腿夹紧，抬头挺胸。

三可举手靠墙站。双手上举，掌心向外，掌背贴墙，靠墙站直，使脚后跟、臀部、肩胛骨、后脑勺四个点都紧贴着墙。每次站 5~10 分钟，每天早晚各一次。

四可胸部拉伸。站姿或坐姿，两手在背后交握，尽量将手向后伸，这样可使我们的胸部得以拉伸，缩小两侧肩胛骨之间的距离，有助于纠正驼背。

平时可睡硬板床，在站立和端坐时应尽量伸展胸背，保持良好姿势。避免过多的弯腰或负重活动，同时加强背肌锻炼，希望通过增强的背肌力量，限制后凸的加重。在工作或休息时都要有一个良好的坐姿，多进行体操锻炼等，加强肢体的运动。经常进行这样的练习，就可以逐渐矫正驼背。

（2）矫正脖子前伸

严格说来“脖子前倾”和“含胸驼背”是两种不良的体态，但一般直挺腰背并不能解决“脖子前倾”的问题，含胸驼背则容易伴随脖子前倾。

脖子前伸很影响气质和姿态，让人看起来有一种猥琐之感，因而也被人称为“猥琐颈”，非常影响气质。其实只要平常自己多注意，坚持自律，就能矫正过来。

一是平时走路或坐着时有意识地挺起胸，使肩向后张开，同时向上提一口气，能明显感觉到两臂下垂时是位于身后，坚持，并养成习惯。

二是习惯性地抬头，脖子向后顶，略收下巴，让自己有一种趾高气昂的感觉。脖子向后顶，穿有领的衣服时能贴到后衣领，下巴不要上扬，而是要微收，有时还能折出双下巴。

三是走路时眼神看向前方远处，千万不要紧盯脚下，让脖子收回来而不是伸出去。

四是平时多审视自己的形象，及时修正，并一直坚持，不用多久就会看到好的效果。

（3）改善溜肩

溜肩，在古代被称为美人肩，但现代人却并不卖帐，主要是穿抹胸或露背礼服时不好看，影响一个人的气质。

“溜肩”改善起来，其实相对简单，只要坚持，几个星期就能改正。很多明星都从一开始的溜肩变成了好看的一字肩，让气质提升了好几个段位。下面这些方法，就能很好地纠正肩部肌肉走向，改善溜肩。

一是胸部拉伸。右前臂抵着门框站立，手肘位置应该比肩部略高一些。收紧腹部，避免弓腰。右脚向前迈一步。慢慢弯曲右腿，拉伸 5 ~ 10 秒，胸肌有轻微刺痛感时，停止动作。

二是肩胛提肌拉伸。抬头挺胸立腰正坐，转头至身体左侧 45 度，收下巴至锁骨中段，右手后背于体后，左手缓慢触压头顶一侧至最大拉伸耐受程度，不要耸肩。保持 15 秒后换至另一侧，重复 2 ~ 3 次。牵拉的时间 一般为 30 ~ 60 秒。

三是上斜方肌拉伸。坐在椅子上，右手伸向身后抓住椅子边缘，上半身向左倾斜，保持头部竖直，感受右肩或右侧上臂有轻微拉拽感。小心地将头部靠向左侧，并微微转向右侧，左手扶住头部，小心地将头部拉向一侧，拉伸 5 ~ 10 秒。

四是肩胛肌肉锻炼。像挤双下巴一样，往后收紧下巴，不要抬头，感觉到后颈肌肉紧张时放松，做 5 ~ 10 秒。

形态锻炼改善的方法还有很多，比如普拉提、瑜伽，还有比较普遍的方法是跳舞，效果比较明显的是练芭蕾，可以锻炼身体的曲线和肌肉，让身材挺拔起来但又不会很僵硬。

对于一个女性来说，最优雅的气质、从容的举止，这一切都是后天的努力修为逐渐提升的。所以改善的关键在于坚持，在于持之以恒地自律。任何时候都有一种展现最好姿态的自觉和自律，你的仪态和气质，都会在你的努力中变得不同。

当然，仪态不仅包括体态身姿，还包括一个人行走坐卧的姿态，举手投足的风采，以及说话、做事的态度和方式。这些我们会在后面接着阐述。

2. 仪态万方，行走坐卧间自有一种绰约风姿

从古到今，女性除了如花美貌的高颜值让人过目难忘，深受吸引之外，其娇姿婉约、如风摆柳的迷人仪态，更令人倾倒。很多时候，绰约风姿总是比精致的五官更让人心旌摇荡。仅仅是那些描绘女子美好仪态的词句，就足以让我们勾魂摄魄了。

如用“莲步轻移”来形容女子行走的姿态优美高贵；用“弱柳扶风”来形容行动之时腰肢款摆、风姿绰约的体态；用“袅袅婷婷”来形容女子柔美、纤弱、婉约的身姿；用“婀娜多姿”形容女子站立或行走时柔和而美好的姿态；用“摇曳生姿”来形容姿态闲雅，婀娜多姿的样子；用“仪态万方”来形容女子容貌、姿态各方面都很美……

读这些词语时，好像那一个又一个风姿绝世的女子一一走了出来，这样的风姿也差不多代表了传统视角下对于女性美的一切想象。在古代，非常重视女子的姿容仪态。因为严谨的礼仪规范，对女子的行走坐卧也都有严格的规定，如要求女子“笑不露齿、行不露足”“站如芍药，坐如牡丹，行如百合”，看起来好像是对女性天性的一种禁锢，但无意之中却让女性更加妩媚动人。

在今天，这些优雅美好的仪态依然是女性美的主流。职场女性更因其深厚的学养和不俗的内涵，在仪态风姿上也更加要求规范和美好。站时亭亭玉立，坐时沉稳端庄，行时轻盈飘逸，都是基本的仪态规范。

（1）挺直的站姿

优美、典雅的站姿是展现女性动态美的基础和起点。概括地说，女性在站立时应该做到挺、直、高。

所谓挺，就是要求个人在站立时身体各主要部位要尽量舒展，头不要下垂，颈不能弯曲，不耸肩、不含胸、不驼背。无论男女在站立时都要力求给人一种挺拔的感觉。

所谓直，就是在站立时使人的脊柱中枢尽量和地面保持垂直，因为脊柱是人体保持正确站立姿势的关键部位，但它并不是笔直的，在颈、胸、腰等处均有向前或向后的正常生理弯曲。因此，人在站立时，要微收下颚，胸部稍挺，微塌下腰，使脊柱的正常生理弯曲表现出来，这样就可以给人笔直的印象了。

所谓高，就是要求人在站立时，重心要尽量提高，因为身体重心高常常能给人产生激越、活跃的感觉，而身体重心过低容易给人造成行动不便或形象不伟岸的印象，而要使重心提高，就应该在站立时不要将腿分得过开，腰背不宜弯曲。

优雅站姿的关键点是平肩、直颈、下颌微向后收，两眼平视；伸直背肌，双肩尽量展开微微后护，挺胸；双手自然下垂，手臂自然弯曲，双腿要直，膝盖放松，大腿稍收紧；双脚并齐，两脚跟、脚尖并拢，身体重心落于前脚掌，重心从身体的中心稍向前方，并尽量提高。

另外，双掌轻轻搭在一起置于胸前乳房下方、肚脐上方的位置，会在视觉上使身体重心上移，显得双腿更加修长。

腹部突出的后仰姿势，无精打采的驼背姿势，双腿交叉站立、双脚打开站立或双手环抱胸前的姿势，看起来都不雅观，女性的正确姿势是双脚并齐，脚跟、脚尖并拢，平肩、直颈、挺胸、端正。

（2）端庄的坐姿

坐是以臀部作支点借此减轻脚部对人体的支撑力的姿势，坐是日常生活中最常用的姿态。古话说“站有站相，坐有坐相”，坐要坐得端庄、优雅、高贵、大方。

坐的关键是伸直背肌，双手自然放在大腿上；手指伸直，指尖并拢；坐深一点，上身快要靠到椅背；双膝紧闭，双脚并齐，双腿并拢向下垂直或稍微斜前；脚尖靠紧地板。

如果是从椅子的后面走向椅子，应从椅子左边走到座位前，背向椅子，右脚稍向后撤，使腿肚贴到椅子边上，上体正直，轻稳坐下。猛起猛坐，弄得桌椅乱响，都是不礼貌也不优美的。

入座时要娴静、文雅、柔美，若穿裙子则应注意收好裙脚。一般应从椅子左边入座，起身时也应从椅子左边站立，这是一种礼貌。如要挪动椅子的位置，应当先把椅子移到欲就座处，然后坐下。坐在椅子上移动位置，是有违社交礼仪的。落座后，应双目平视，嘴唇微闭，面带微笑，挺胸收腹，腰部挺起，重心垂直向下，双肩平正放松，上身微向前倾，手自然放在双膝上，双膝要并拢。亦可一脚稍前，一脚稍后；两臂曲放桌子上或沙发两侧的扶手上，掌心向下。坐椅子时，一般只坐满椅面的三分之二，脊背轻靠椅背。端坐时间过长，可以将身体略为倾斜，头面向对方，双腿交叉，足部重叠，脚尖朝下，斜放一侧，双手互叠或互握，放在膝上。若是着西装裙的女子，最好不要交叉两脚，而是并靠两脚，向左或向右方稍倾斜旋转。起立时，右脚先向后收半步，然后站起。坐时骑跨椅子、左右摇晃或猛起猛坐，弄得桌椅乱响，不断晃动脚尖以及双腿分得太开，并且伸得太远，都是极不雅观的坐相，需要全力避免的。

（3）优美的行姿

对行姿的要求是“行如风”，即走起路来像风一样轻盈。要求步履轻捷，娴雅，步伐略小，走直线，展示出温柔、娇巧的阴柔之美。

优雅行姿的基本要领是：双目向前平视，面带微笑收下颌。上身挺直，头正，挺胸收腹，重心稍前倾。手臂伸直放松，手指自然弯曲，摆动时要以肩关节为轴，上臂带动前臂向前，手臂要摆直线，肘关节略屈，前臂不要向上甩动，向后摆动时，手臂外开不超过30度。前后摆动的幅度为30～40厘米。

行走时，要懂得运用腰力，这样才会有韵律感。如果走路时腰部松懈，就会有吃重的感觉，不美观；如果拖着脚走路，更显得没有朝气，十分难看。优雅的步姿有几句口诀：“以胸领动肩轴摆，提髋提膝小步迈，跟落掌接趾推送，双眼平视背放松。”走路的美感产生于下肢的频繁运动与上体稳定之间所形成的对比和谐，以及身体的平衡对称。要做到出步和落地时脚尖都正对前方，抬头挺胸，迈步向前。

女性行走时不要内八字和外八字；不要弯腰驼背、歪肩晃膀；不要步子太大或太碎；走路时不要大甩手，扭腰摆臀，左顾右盼；上楼不宜低头翘臀，下楼不宜连蹦带跳；不要双腿过于弯曲，走路不成直线；不要脚蹭地面；不要双手插裤兜；多人一起行走不要排成横队；有急事要超过前面的行人，不得跑步，可以大步超过并转向被超越者致意道歉。

遇到下雨时或下雨后，走在路上可能会有泥巴溅起而弄脏鞋或脚。此时步幅比平时小一点，慢慢走，脚尖用力就不易溅起泥巴。穿高跟鞋时，把脚跟稍微向上抬一点，缩小步幅，用脚尖来走就会很美观。

女性的美，是容颜美、形体美和仪态美的和谐统一。真正美丽迷人、魅力四射的女性，不仅容貌上无可挑剔，行走坐卧也仪态万方、优雅迷人。所以，不仅要善于修饰自己的容貌，更需要修炼优雅高贵的仪态。

3. 举止高雅，举手投足中尽显娴雅韵味

有一种女人，并非天生丽质，但你每次见她，总能被她举手投足之间的风韵所吸引，觉得她的美与众不同：她一个手势，一个动作，一笑一颦，一个柔情暗转的秋波，在无言间，既表达了她心底的流向，又让她有一股淡淡的韵味，让你总是忍不住被她打动，忍不住多看她几眼。

这样的美，正是气质女人独有的魅力，偷不去、学不来。犹如四季的风景，包含着几乎所有女性的美，不仅端庄、典雅、有气质，更有教养、有味道，举手投足，一颦一笑都楚楚动人，都风情万种。

所谓举止，指的是人的行为动作和表情。日常生活中人的一举手一抬足，一颦一笑，都可称之为举止。举止是一种无声的“语言”，能在很大程度上反映一个人的素质、受教育程度及能够被别人信任的程度。生硬冰冷、散漫懈怠、矫揉造作的行为，无疑有损美好的形象。相反，行云流水的动作，给人以清新明丽的感觉；温文尔雅的行为，则使人赏心悦目。

女性修炼高雅举止，不妨从以下方面来学习。

（1）让手势优雅起来

手势要运用自然才能保持优雅，不然就会给人“指手画脚”的印象。比如在职场，我们给别人作指引或指示时就会用到手势。这个时候务必注意要使用手掌，掌心向上，切忌用手指来指引，更不能随便用食指来

乱点，这是非常缺少教养和素质的表现，更别说优雅了。在指引过程中要站在被指引的物品或道路的旁边，面对指引对象，右手手臂自然伸出，五指并拢，掌心向上，手掌和水平面呈 45 度角，指尖指向所要指引的方向，以肘部为轴，朝一定方向伸出手臂。在指示道路方向时，手的高度大约齐腰。在指示物品的时候，手的高度根据物品而定，手臂、手掌和物品呈直线就可以了。

用手拿物品，要做到拿物之前应先感受一下物品的重量，根据物品的重量、自身的能力和实际的需要，可以选择拿、捏、提、握、抓、扛、夹等不同的姿势。可以用双手也可以用单手，但要确保物品的安全，做到轻拿轻放。因物品太重压得自己弯腰驼背或因物品过大而让自己姿势不雅，都与优雅无缘。过大或过重时，女性可以选择不拿。

作为对别人的尊重，在递接物品的时候应该双手递接。即使不方便用双手递接，也一定要用右手递接物品。不到万不得已，左手递接物品是失礼的表现。

递物品的时候，一定要递到对方手中，等对方拿稳后再放手。如果是特殊情况，也要放在对方方便拿取的位置。在接物的时候最好是用双手，接收物品后要立即答谢对方。

在给对方递物品的时候，要考虑到对方方便接拿，给对方留出接取物品的空间，不要让对方无从下手。递带有文字的物品，应该使之正面朝着对方。在递接带尖、带刃等物品时，不可以把尖、刃朝向对方。无论是从安全角度还是礼仪角度出发，都应该把尖、刃部分对着自己，并用言语加以提醒。

（2）保持高雅的仪态

除了手势，女性还要注意平常的眼神、面部表情以及身体语言的其他表现的优雅，一切都应当以文明、规范为度，不越规不逾矩，保持文雅高贵的形态和姿势，就能保持优雅。所以，下面这些粗俗行为，是任何一个女性都应当远离的。

①在公共场合，务必避免从身体内发出各种异常的声音。实在不能

控制时应最大限度地掩盖和减小这些声音的影响。如咳嗽、打喷嚏、打哈欠时应侧身掩面后再为之。

②公共场合不可用手抓挠身体任何部位，如：抓耳挠腮，挖耳鼻，揉眼睛，搓泥垢，随意剔牙，修剪指甲，梳理头发等。如果确实需要整理时要选择上洗手间，整理完毕后再回来。

③应尽量避免蹲姿，因为“蹲”这个动作是很不雅观的，特别对于女性而言。所以只有在非常必要的时候才蹲下来做某件事情。不得不蹲时要讲究优雅规范的姿势。如东西掉下必须蹲下捡东西或者系鞋带时，一定要注意自己的姿态。下蹲时，两腿合力支撑身体，避免滑倒或摔倒，左脚在前，右脚在后，向下蹲去，而且使头、胸、膝关节在一个角度上，从而使蹲姿显得优美。切不可叉腿下蹲。若用右手捡物品，可以先走到物品的左边，右脚向后退半步后再蹲下来。脊背保持挺直，臀部一定要蹲下来，避免弯腰翘臀的姿势，并保持两腿并紧，穿旗袍和短裙时需更加留意，以免尴尬。弯腰捡拾物品时，两腿叉开，臀部向后撅起，都是很不雅观的姿态。下蹲时还要注意内衣“不可以露，不可以透”。

④参加正式活动前，不宜吃有刺激性气味的食物，如葱、蒜、韭菜、洋葱等，以免口臭，让人反感。公共场合，不要高声谈笑、大呼小叫。人多时要加倍低声细语，不引起他人注意。

⑤避免捂嘴动作。很多女性都有爱捂嘴的习惯，一旦说错了话，总会下意识地捂嘴，还有的爱捂嘴哧哧笑。或许生活中这样的动作会增添你的可爱，但在正式场合，这却暴露了你的浅薄，能避免最好避免。

⑥公开露面前，须把衣裤整理好，特别是出洗手间时要和进去时保持一致。

⑦小细节更要重视

除了这些，还有一些细节更需要特别注意。所谓“魔鬼就在细节里”，一不小心，细节就会出卖我们，让我们原形毕露，优雅全无。

一是当众照镜子。很多女性不太在意，认为这是小事，而且照镜子有利于自己整理仪表。但是照镜子是很私密的事情，不适合当众来做；

二是旁若无人整理滑肩带，这会让你优雅大减。

行为举止是女性气质的重要表现环节。所以职业女性对行为举止更要特别注意，加强修炼，让自己更优雅、更有风度气质和魅力。

4. 巧笑倩兮，微微一笑尽显优雅

世间最美的表情是什么？是笑容。古希腊哲学家苏格拉底说过："在这个世界上，除了阳光、空气、水和笑容，我们还需要什么呢"？

是的，还需要什么呢？有灿烂的阳光，温暖怡人；有清洁的空气，自由呼吸；有甘甜的清水，大口地饮用；有迷人的微笑，让我们快乐无比。人生如此，还需要什么呢？

拥有了笑容，便拥有这个世界上最美的表情，拥有了这个世界上的最美之花。它包含了对别人的真诚和肯定，能拉近人与人之间的距离，能化解一切矛盾和隔阂，是人际关系天然的润滑剂。武术演员李连杰认为，微笑是世界上最厉害的功夫！因为微笑是真诚，微笑是善良，微笑更是宽容和接纳，是理解和尊重，微笑是美，微笑是爱，是善意的信使，是直指人心的温柔力量，更是一个人最大的魅力和最高级的气质。

那如果要问世间最美的笑容是谁的？当然非蒙娜丽莎莫属了。蒙娜丽莎的微笑以高贵、优雅、神秘和无以伦比前的感染力成为世界上最动人的笑容。

蒙娜丽莎的微笑（Mona Lisa、别名乔康达），是一幅享有盛誉的肖像画杰作，与达芬奇另一幅名画《最后的晚餐》齐名。它成功地塑造了资本主义上升时期一位城市有产阶级的妇女形象。是达芬奇的最高艺术成就之一。

《蒙娜丽莎的微笑》的主人公，传说是当时的新贵乔孔多的年轻妻子乔康达，这幅画画了4年。那时，蒙娜丽莎的幼子刚刚夭折，她一直处于哀痛之中，闷闷不乐。为了让女主人高兴起来，达芬奇在作画时请来音乐家和喜剧演员，想尽办法让蒙娜丽莎高兴起来。

这幅画完成后，端庄美丽的蒙娜丽莎脸上那神秘的微笑使无数人为之倾倒。因为不同的观者或在不同的时间去看，感受似乎都不同。有时觉得她笑得舒畅温柔，有时又显得严肃，有时像是略含哀伤，有时甚至显出讥嘲和揶揄，但整个笑容总是给人一种优雅、端庄、恬静、温柔的感觉，让人为之倾倒。后即以“蒙娜丽莎的微笑”喻指迷人的微笑或神秘莫测的微笑。

微笑是世界上最美的表情，微笑像清泉，使人感到心情舒畅；微笑像春风，使人感到精神愉快；微笑像蜂蜜，使人感到无比幸福……拥有微笑的女人，是最动人、最有魅力、最美丽的精灵。这样的审美，无论古今中外，都是一样的。

我国古代的文学作品《诗经》中描写的美人是“手如柔荑，肤如凝脂，领如蝤蛴，齿如瓠犀，螓首蛾眉，巧笑倩兮，美目盼兮”。这一句“巧笑倩兮，美目盼兮”可谓名句，美人在顾盼之间，一晃过了数千年，顾盼有神的美目牵动了历代许多诗人的心，使人久久不能忘记。

中国古典文学家余冠英先生曾将这一章直译为现代汉语：“她的手指象茅草的嫩芽，皮肤象凝冻的脂膏，嫩白的颈子象蝤蛴一条，她的牙齿象瓠瓜的子儿，方正的前额弯弯的眉毛，轻巧的笑流动在嘴角，那眼儿黑白分明多么美好。”这样的女人，是多么令人着迷！

可见，女人要有魅力，一定要学会微笑，学会像蒙娜丽莎一样优雅微笑，像古代美女一般倩兮巧笑， 像现代美女一般自然地笑，都可以拥有自己独特的气质和魅力。

动人的微笑需要找到最适合的表情，并熟悉和反复练习。寻找到最好的微笑其实很简单，对着镜子，嘴角微微向两边牵动，眼中充满喜悦之情，面部肌肉柔和而放松，不断调整嘴角牵动的幅度，找到自己最得体、最亲切、最自然的笑容和面部表情。女性日常的笑容不宜为大笑，而是微笑，微笑含蓄，柔和，有亲和力，也容易掌握和控制，有利于成为人际交往中的润滑剂。

不过最感人和最动人的微笑，一定是发自内心的，源自心灵深处，真挚和真实的，这样的笑容最有魅力。

5. 美目盼兮，媚眼如丝中有万种风情

眼睛于容貌的重要性，从古至今都未曾改变：回眸一笑、眉目清秀、美目盼兮、媚眼如丝……眼睛永远是一张美丽的脸上最闪亮、灵动的存在。

古人对眼睛这个特殊部位的审美，并不太具象化，而是强调眼神动人。美目盼兮，含情脉脉；秋波流转，顾盼生姿；这是古代人对于美目传神的描述。

诗经里写美人的眼睛是“美目盼兮。”曹雪芹《红楼梦》中，专权弄势的王熙凤是“一双丹凤三角眼，两弯柳叶吊梢眉”；多愁善感的林黛玉则是“两弯似蹙非蹙拢烟眉，一双似喜非喜含情目”；而精明强干的探春则是“俊眼修眉，顾盼神飞”。

不止是书中的美人有灵动美丽的眼睛，现实中的美人更是无一例外地有一双顾盼生姿的美目。国际巨星伊丽莎白·泰勒，有一双美丽无双的紫色眼睛。据科学估计，有这样眼睛的概率仅仅只有千万分之一。其实瞳孔的颜色和人种是有关系的，越往北部的种族接受日照时间越短，导致体内黑色素变少，所以瞳孔就越淡，而紫色这么深的颜色在世界范

围内都是罕见的。目前知名的紫色眼睛拥有者就是伊丽莎白·泰勒了。任谁也不可否认，伊丽莎白那张艳绝天下的脸，实在不可方物。精致小巧的瓜子脸，加上迷人的紫色眼睛，清澈而迷离，美丽得无与伦比。那双紫色眼睛就是她的灵魂，灵动闪烁的目光，妩媚多姿的眼神，以及轻轻瞟过来的风情无限的眼风，把她绝世的风姿展现得淋漓尽致。

女人的眼睛是会说话的。那深邃幽黑的眼睛里，藏着女人所有的柔情、风情和真情。大凡公认的美女，一定有一双滴溜溜灵动而会说话的眼睛。中国古代“四大美女”中的西施是“明眸皓齿，楚楚动人”，而杨玉环则是“回眸一笑百媚生，六宫粉黛无颜色”。此言虽然不无诗人的夸张，但它曾让多少女性为之羡慕和神往，要不是这样的万种风情，胖乎乎的杨玉环又如何能赢得玄宗“君王从此不早朝”的宠爱呢?

眼睛是最能透露心底秘密的器官，眼睛不仅是心灵的窗户，还是心灵的出口。即使是一瞬即逝的眼神，也能发射出千万个信息，表达丰富的情感和涵义，泄露心底深处的秘密。所以，眼球的转动、眼皮的张合，视线的转移速度和方向、眼与头部动作的配合所产生的奇妙复杂的目语，都在传递着信息，进行着交流，诉说着心底的秘密。

一个女人善用自己的明眸，当可尽显自己的万种风情。古时候，当两性相爱时，曾有“心许目成”“暗送秋波”之词，来表达他们的情花爱果。当今，使用的词语更加丰富，比如“眉来眼去”“含情脉脉”“眉目传情”“一见钟情”等。因此，眼神虽不是有声语言，但恰似有千言万语在随眼波流转。这就是人们常说的“眼睛会说话”。

女人的眼睛里出会吐出万种情丝，万般柔肠，从眼睛里散发出来的魅力无所不在，特别是对于一个性感的女人而言，媚眼如丝绝对是性感的最好标签。当一个女人被一个男人的风度所吸引，她不会像男人那样情不自禁地脱口而出“真帅”“好迷人”之类的话，而是一甩乌黑的长发向你投以回眸一笑。这样的女人，风情万种，魅力无限，会让人不知不觉沉迷于她的一双明眸中，难以自拔。

所以有人说，女人的媚，媚在眼神。媚眼是女人魅力的无声语言。“媚”

就媚在女人抛眼神的手法和技巧上，很多男人曾经有过被女人的一个“媚眼”电晕，晕得甚至不知道自己在干什么的经历。如眼睛斜视的一种温柔而又暧昧的笑容就会让很多人迷失其中，还有那种迷离的眼神让人进入一种如梦似幻的世界，晕头转向。女人抛“媚眼”的分寸把握很重要，过了会令人恶心、肉麻，分寸恰当才会电力十足。倘若分寸失度，眼波“飞短流长”，就成了弄巧成拙的败笔，会让人误解你不是一个风月场上的老手就是一个水性杨花的风情女子。

如果是一双泪眼，梨花带雨，楚楚可怜，更是让人招架不住。古往今来，有多少男人倒在了女人的泪眼下。不过，很多女人并不知道，尽管男人怕女人哭，怕被哭得心烦、怕被哭得心软，但让男人最痛心、最心碎的哭，是心爱的女人把眼泪噙在眼中，含泪地哭，无声地泣。男人知道，那是女人心中淌着有情的泪，不是撕碎了情的号啕大哭。女人扭转身去落泪的一瞬间最动人，最容易击垮天下铁硬的男人。

女人眼睛里的风情，就足以让她成为一个魅惑十足，风情万种的性感妖精了。这样的魅惑气质，当然是女人的另一种魅力和风情。

6. 会撒娇的女人，一嗔一怒都是迷人的风致

人们总说“撒娇女人最好命”，其实不是真的因为他们的运气好，而是会撒娇的女人总是风情万种， 让人不知不觉就被吸引，心甘情愿地听从她的命令。这样的女人，事事如意，处处随心，怎么可能不好命？

深谙撒娇之道的女人妙就妙在撒了娇还不露痕迹，完全是自然流露。一颦一笑一嗔一怒尽在本色之中，没有半点勉强和造作，一举手一投足

之间，总会让男人为之心醉神迷。试想一下，当女人嘟起小嘴，跺跺小脚，再加上一脸委屈表情的时候，心肠再硬的男人也会甘拜下风，缴械投降。因为没有一个男人可以拒绝女人的声声娇嗔，只要女人冲他撒娇，男人天性里的大男人主义便会被激发出来，然后心甘情愿地乖乖听命。

比如，一个男人半夜还和朋友喝酒，老婆打电话一通责骂："死鬼，死哪去了，还不给我滚回来。"男人这个时候就会壮着胆对女人叫："你这个臭婆娘，老子今天就不回来了，怎么样？"

但是如果老婆娇声娇气地说："亲爱的，你在哪里呀，我好害怕，没有了你在身边我睡不着呢，快回来吧，我好想你。"这时，这个男人会一脸甜蜜的对朋友们说，我要回家了，老婆一个人在家害怕呢。而朋友们除了笑之外，更多的是羡慕男人有个这么小鸟依人的老婆吧！

会撒娇的女人支使起丈夫来，也易如反掌："老公，帮我拎包，你看人家的手，都勒出红印来了。"是啊，老婆这么娇嫩，谁忍心把她的小手勒红？"老公，我累了，你去做饭吧，求求你了！"那个被支使的男人即使再累，也会屁颠儿屁颠儿地跑进厨房。

反过来，如果横眉冷对："赶紧去干活，我累得要死，凭什么伺候你！"两口子难免会吵架。一样的话，通过不一样的方式说出来，结果截然不同。会撒娇的老婆，能让男人身上有使不完的劲。

当老公生气时，老婆撒娇地抱老公一下，保证老公不会动粗。当老公口出粗言时，吻一下老公的嘴巴，老公不但骂不下去，而且还会苦笑着拿你没办法！没有一个男人不会在深谙撒娇的女子面前败下阵来。她娇声说："我喜欢这个，还想要那个，人家就是想和你在一起嘛，好啦好啦，人家以后不再使小性子就是啦……"天啊，在如此娇声软语面前，还有哪个男人不肯乖乖就范？

会撒娇的女人，一笑一骂都是温柔，一嗔一怒都是风情。那些号称从来不会撒娇的女人，实在不值得骄傲。一个不会撒娇的女人，好像是一碗鲜美的汤忘记了放盐，岂不是辜负了上天的美意。

爱撒娇的女人会给人青春洋溢的感觉，一般男人都喜欢有活力、有激情的女人，谁都不喜欢像闷葫芦一样的女人，永远都是一副样子，开心不开心也看不出来。

会撒娇的女人，在撒娇的时候，会用孱弱娇柔的声音与男人说话，不自觉的就多了一份诱人的性感，让男人听的全身酥酥的，而且男人大多很享受这种感觉。女人撒娇时魅力值是直线上升的，对男人来说女人撒娇时是一种赤裸裸的诱惑，这会让男人觉得这样的女人懂得风情，有情调，也就会更爱她。

女人撒娇让男人觉得很有面子。撒娇的女人懂得男人的软肋在于做大男人的虚荣，所以她不动声色地收敛起自身的锋芒，剥去坚硬的外壳，把最柔软的部分展示给男人，幸福地享受着男人的关爱和呵护。女人撒娇时对男人表现出来的温柔体贴、百依百顺，不仅给足了男人面子，也引来众多羡慕和嫉妒。这样一来，男人很自豪，自然也很感激她，也会对她更好。

撒娇的女人很会体贴男人，当男人劳累了一天回到家中，妻子一见就温馨地撒娇道："亲亲老公，你回来啦，你好辛苦哦，想死我了，来，抱抱……"接着端茶倒水，然后把一双小巧的手搭在男人肩膀上，再来一个香喷喷的吻……妻子这样撒娇，恐怕没一个男人愿意拒绝。相反，男人再累也觉得甜。女人适当撒娇，绝对是幸福的一大秘诀。

不过，撒娇也要讲个分寸，撒娇也要撒得自然，撒得温柔，撒得让人喜欢，千万不要撒得扭捏，撒得做作，甚至变成撒泼、撒野，那样只会让人心生厌烦，得不偿失。

撒娇也要看场合，对情人撒娇，本是两个人私底下的情趣，当然不怕尴尬；若是不怕肉麻的话，在众目睽睽下打情骂俏撒撒娇也未尝不可。但是在一些重要场合，特别是在公共场合，撒娇一定要谨慎。例如公司周年晚会、饭局等，在这些地方碰到的人，大都是与男人有工作往来的人，他的上司、同事或是生意伙伴。这时，男人需要的是一个大方得体的女伴，而不是一个不懂事的女朋友。假如男人正在和上司谈公事，女伴突然过来撒娇，相信没有一个男人会觉得这样撒娇是可爱。所以，在公共场合撒娇只会让人觉得你不识大体。

女人要会撒娇，要恰当地把握住撒娇的技巧和对方的承受能力，要知道哪些是比较敏感的、最好躲避的区域。在恰当的时机、恰当的场合、恰当的氛围以及把握好恰当的度之后的撒娇，才是内涵女人的聪明。若撒娇太过了，便是任性的表现。而任性的女人，是难得有气质、风度和魅力的。

第八章 妆扮得体，扮美形象塑造女人的美丽精致

气质是存于内而显于外的一种气韵和风度，因而外在的形象直接影响气质。一个内涵丰富的女人，不会忘记从衣着妆扮上来提升自己的形象，展现自己的品位，塑造精致美丽的美好形象，从而更好地突现自己的气质。

1. 美丽的形象是女人气质最直观的表现

前面我们说了很多关于内涵突现气质的内容，因为气质是内涵的外现，是女人气质的根本和源头。但其实外表是更直观、更具体的表露。一个女人的魅力，最先落入眼中的，莫过于她美好的外表。因而女人的美貌是女性魅力中最引人注目、最具体、最实际的因子。

勿庸置疑，外貌美丽的女人，即便浅薄，也总会让人无端地觉得，她们自有一种美的气质。风姿妖娆、容颜美丽、有魔鬼般的身材，倾国倾城的如花美貌,她们也会成为一些人心中的女神,比如中国的四大美女、好莱坞的梦露、费雯丽。她们是上帝的宠儿，她们是人间的精灵。

一个美丽的女人，不论从哪个方面而言，其魅力都是不可抵挡的，虽然说女性的魅力不仅仅是美貌，但美貌毫无疑问是女性魅力最重要的部分。所以，才有无数的女人不惜一切代价追求美貌，甚至损害身体也在所不惜。

许多人慨叹美貌是漂亮女子的万能通行证。因为拥有耀眼的容颜，她们就可以在很多情形下得到微笑。生活对她们大开绿灯，赋予她们更多的机遇，她们可以轻而易举地得到别人千辛万苦才能获得的东西。在生活中，美貌的女子拥有太多的宠爱，于是，就有了“美貌是女人的第一资本”的说法。

确实，美貌的女人首先就让人迷惑，让人目眩，让人不由自主地想要去心疼、去怜惜、去爱怜、去不由自主地保护她，心甘情愿地受她支使，为她献出一切，美貌不仅成为女性最引人注目的资本，也是征服世界的最有力的资本，当然更是气质最直观的表现。

不过，恃美而骄或是恃美而恶，就太愚蠢了，暴殄了天生的美貌。美丽的女性，大自然赐给她好运气，但这没有什么值得骄傲，青春易逝，美貌难留，再美的女人如果只有美貌充其量也只能风光半世。许多美貌的女子因为好的容貌而骄横、居高临下、盛气凌人、唯我独尊。她们既不同情弱小也不接纳强大，对容貌不如自己的，得意而鄙视；对比自己美丽的，嫉妒且中伤。美貌使她们变得狭隘、猜忌、自私，就像《白雪公主》里的王后。因为美貌，生活一帆风顺，想要的轻而易举便得到了，所以也不懂得珍惜。这真是让人可惜复可怜，因为她们白白浪费了上天恩赐的这个“魅力的第一资本”。

女人美丽的外在形象是气质最直观的体现，但美貌不是根本。魅力的根本还在于恒久的内心修炼和智慧沉淀。美丽的女人就如同是一杯开水，越久越淡；而智慧的女人则是美酒，她们在漫长的岁月长河中，积累，沉淀，再积累，再沉淀，不停地自我完善，时间越久，越纯正越香甜。美貌和智慧并存的女人，那份超凡脱俗 的气质，才是女人魅力的极致。不过，越是智慧的女人，越懂得利用自己的美貌，越懂得修饰自己，装扮自己，突显自己的气质。

2. 青丝如云，运用发型变化气质

上天雕琢了女人的五官，一旦成型，难以修改，但是留了大把的青丝供我们自由创作。或者长发垂腰，奔泻而下；或者编束成辫，摇曳多姿；或者挽成发髻，风髻雾鬟。头发对于一个女人的面孔，犹如绿叶之于鲜花，人群之于领袖。

女人的气质和风度，也是从“头”开始的。因为头发是人体的制高点，很能吸引他人的注意力，对于个人形象的影响力至关重要。特别是对女性而言，拥有一头光亮柔润的秀发，足以使女性魅力激增。不论是长发垂腰，奔泻而下；还是编束成辫，摇曳多姿；或者挽成发髻，风髻雾鬓，都有极致的魅惑力。

西汉的卫子夫，原来不过是平阳公主家的一个女奴，帮汉武帝侍衣得幸，一头青丝更是让汉武帝神不守舍，《史记》上是这样说的：“上见其鬓发，悦之，因立为后。”你看，不过是因为喜欢她的头发就立她为皇后了。她成了皇后，弟弟卫青也跟着飞黄腾达，率领大军西击匈奴，名垂青史。

南朝贵妃张丽华，就是典型的长发美人，传说她发长七尺，黝黑如漆，光润可鉴，染上发膏，梳成高髻，光彩照人，迷倒了一大片。

晋时立国四川的成汉皇帝李势有个妹妹，史上没有记载她的名字，但她头发的惊人美丽，却流传至今。晋大司马桓温灭成汉时，抢她来为妾。桓温的妻子南康长公主是晋明帝的女儿，妒火中烧，带了几十号人手拔刀来杀她。李氏正在梳头，长发洒落，散了一地，风姿楚楚凄美动人。她慢慢扎起头发，敛手从容道：“国破家亡，无心至此。若能见杀，犹生之年。”长公主惊为天人，咣地把刀扔了，上前抱住她说：“我见犹怜，何况老奴。”居然化敌为友，传为千古佳话。

可见美人风致，长发风情，何等魅惑！一个女人，一头长发，飘逸，婉约，闪着柔软细腻的光泽，这是多么动人心弦的一幕！自古至今，多少诗人由此兴发，得了多少千古佳句。

如闺房的闲愁里，离人的思念中，绿云长，翡翠低，云鬓总是掩映着花颜。“小山重叠金明灭，鬓云欲度香腮雪”“绿鬓云垂，旖旎腰肢细”“香雾云鬓湿，清辉玉臂寒”“风住尘香花已尽，日晚倦梳头”……青丝携香，有声有色，从中自可窥见女性的长发之魅。台湾诗人的诗句中也说“……想此时你已回到青河的家居，临窗而立，梳那么长那么长黑色的忧愁……”

都是对长发的无限赞美。

现代女性，对头发的重视似乎更甚于古人，而且花样更多，保养也更细致周到。可剪、可吹、可烫、可染，可以变换成无数不同的样式来，直、卷、歪、斜，怎么摆都是风情，五颜六色，怎么染也都是时尚，一头秀发给女人带来自信、美丽，带来万种风情。发型的选择也更加多样化，长发、短发、直发、卷发，爆炸式、清汤挂面式、复古式、朋克式……只要适合自己的，自己喜欢的，都可以尽情选择。

一个好的发型往往可以弥补女性五官的缺陷，其作用不亚于漂亮得体的服饰。所以，越来越多的女性重视发型，也经常变换发型，为的正是打造一个最完美、最有魅力的自己。

那么，女性该如何选择最适合的发型呢？当然是要适合自己的脸型、气质、风韵和职业特点的发型，更能突出自己的优雅形象。

（1）根据自己的脸形选择发型

比如圆形脸可选择头前部或顶部略半隆的发式，侧则要略向后梳，将两颊及两耳稍微留出。圆形脸的特征是额部小、下巴短、颧骨宽。圆脸形的女性还可以考虑把刘海向上梳，做个小花样别到头顶以形成提高的效果，脸部两侧的头发要拉长或拉低一些。较长的发型会有助于让脸部看起来修长，从而让脸形看起来不会那么短和圆，两颊旁的头发也要特别注意，太多或太蓬松的头发会使脸部看起来更圆。

国字脸的特征为方额头、方下巴、脸较宽。这类脸形适合将头顶部位的头发稍提高、上额两侧与下额两侧较为拉低的发型。因而国字型脸的人尝试短发时也需要特别谨慎。

正三角形脸的特征是上窄下宽，额头窄小，两腮宽大，给人沉着大方和威严的感觉。这种脸形可选择比较温柔的波浪卷发，长度以中长或及肩的长度为佳，太短就起不到遮掩和修饰两颊的作用了。值得注意的是，蓬松波浪不要刚好到两颊下部，否则会让脸形的缺陷更加明显。

倒三角形脸的特征是额头宽大饱满，下颌消瘦。这种脸形适合脸部两侧较蓬松、上额两侧较为服帖的发型。最好选择短发，看起来有加宽的效果。但是短发并不适用于颧骨凸出的人，这要尤其注意。

长形脸的特征是面长、额宽，脸颌骨横直，鼻子显长。这种脸形想要找到平衡，就要把握好头发蓬松的方式，采用头顶部部位的头发不要太蓬松、脸部两侧较蓬松的发型。这种脸形的女性一定要挑选长度适中的发型，过短或过长都不是很适合。薄刘海会比一整片厚刘海更漂亮，两侧头发的层次与蓬松感会中和长形脸的线条，从而得到很好的修饰效果。

（2）根据自己的体型选择发型

身材娇小的女性给人以小巧玲珑的印象，但是往往会让人觉得在身高上有缺陷，所以在选择发型时应强调丰满与魅力，并且不宜留长发，也不宜把头发搞得粗犷、蓬松。可以在头顶梳一个可爱的花苞，或是庄重的盘发，这些都可以增加身高，使人有秀气之感。

高瘦身材的女性适合留长发，不宜盘高发髻，也不宜将头发削剪得太短。

矮胖身材的人在选择发型时也要优先考虑弥补身材的不足，最好也要有增高的感觉，所以可选用有层次的短发、前额翻翘式等发型，而不宜留长波浪、长直发。

身材高大的女性想要显得娇小一些，不妨追求大方、健康、洒脱的美，从而弱化大而粗的形象。所以应以简单的短发为宜，但对直长发、长波浪、束发、盘发、中短发式也可灵活处理，切忌发型花样繁杂、造作。

（3）根据不同的场合选择不同的发型

在正式的社交场合，女性身着套装，可将头发挽在颈后，显得端庄、干练；在运动场上，女性身着运动服时，可将头发扎成高高束起的马尾，显得青春、活泼和潇洒；穿晚礼服时，梳个晚装发型，可显得高雅、华丽。

上班时，可根据职业特点、办公环境选择发型。如果你在网站工作，年轻些、狂野些的发型就不会受到指责；但如果你在律师事务所或银行工作，你的发型最好收敛一些、正统一些。

无论你拥有什么样的发型，干净与整齐都是最起码的要求。要保护好你的头发，并不是洗洗就算了，一定要挑选适合自己发质的护理产品进行细心护理，这样会让你的头发更加健康美丽。那样一头流泄如云的秀发垂下来，油润光亮，随风轻拂，见到那发丝就会有一种想摸一摸的欲望。这样的女性，当然魅力无穷。

3. 呵护肌肤，焕发迷人光彩

世界上无论多么美丽的服饰也比不上美丽的肌肤。古今中外文学作品中形容美女时都会说“肌肤胜雪”“吹弹得破”“肤如凝脂”“肌肤如霜雪”等，又说“一白遮百丑”，雪白如玉的肌肤是女人美丽的关键。因而女人对于白肤的追求也从来没有停止过。如果不注重保养肌肤，会让它的活力渐渐减弱，开始变得干燥、松弛、暗淡无光……曾经光洁、柔软的肌肤就只能是“昨夜星辰昨夜风”了。

有人说，肌肤是女人最美丽的一件衣服，如果你不想过早地失去青春和美丽，那么，就要想一些办法来让肌肤焕发迷人的光彩。

保养的第一步，自然是清洁肌肤。清洁面部肌肤，简单地说就是洗脸。这是每个人每天都在做的事情。可是未必所有的人都能做好。掌握正确的洗脸方法是保证肌肤美丽健康的一个前提。

（1）洗脸前一定要洗手

每次洗脸前，请一定要用洗手液把手洗干净。至于为什么不用肥皂呢？肥皂是碱性，娇嫩的手部皮肤又没有油，这样洗手容易使手部皮肤变粗，如果不喜欢洗手液可以考虑用香皂。

（2）洗面奶要充分起沫

先将洗面奶揉出泡沫后，从额头开始，从上到下按摩，不要用力过大。额头是双手分别向外划圈，脸颊也划圈，鼻翼两侧，从鼻翼到鼻尖；鼻根处至双眉间，将嘴抿起。T形区非常易长痘痘，但是不能因为容易长痘痘就用力揉搓。脸部洗多少遍根据实际情况来定。平时，一天早晚两次，严冬一次，炎夏三次。如果外出时间较长，脸上感觉有灰，洗两遍；春秋季节，早上应用较温和的乳液型洗面奶，晚上用清洁作用较强的泡沫型洗面奶。

（3）少用手，多用水

洗面奶必须用手按在脸上，动作一定要轻柔！洗面奶按摩完成，记住用手舀水往脸上冲，不要用手在脸上按来按去怕没洗干净。洗脸时先将微微烫手的热毛巾轻轻盖在自己脸上，用手指压住毛巾，使其贴紧面部30秒钟，让毛巾上的热气最大限度地促进脸部的血液循环。然后用手将温水不停地泼在脸上。

用毛巾吸干脸部水分，舀一匙食盐放在手心，加些热水溶解，然后像抹洗面奶一样将盐水遍抹脸部，再用手掌轻轻地在脸部画圈进行按摩，30秒后用清水洗净。食盐能使皮肤洁净细腻。

第二步是保养。娇嫩的肌肤是需要精心呵护才能保持良好的状态的。身体平躺，在脸上涂抹精华液，避开眼、鼻、嘴等部位，用保鲜膜敷在脸上，上面再盖热毛巾，让热蒸汽促使精华液最大限度被皮肤吸收，10分钟后取下毛巾与保鲜膜，用面纸拭干脸部。

然后用50毫升酸奶和50毫升炼乳混合后涂在脸部，再将黄瓜片贴在脸上，20分钟后取下用清水洗脸。或者用一个鸡蛋和25毫升蜂蜜、25克奶粉调匀成糊状，敷在脸部，10分钟后洗净。这样能使脸部皮肤嫩滑美白。

将爽肤水均匀地拍打在脸上。拍打有助皮肤吸收营养，从而使皮肤光滑和富有弹性。当然，上述这些物品必须事先做好准备，也可请别人在旁代劳，关键是每个环节之间不能有太多的停顿，否则，脸部皮肤会发生微妙的变化，影响下一个环节的顺利进行。

最好每周给肌肤去一次角质，有利于营养的吸收。在购买护肤品之前，最好先做个肤质测试，搞清楚自己究竟是何种皮肤，然后再选择正确的护肤产品。

卸妆一定要彻底，除了用洗面奶外，还要定期做深层清洁护理，将肉眼看不到的污垢尽可能地都清洗干净，防止堵塞毛孔。平常多做面膜，保湿抗皱。平常注意保护皮肤，不要暴晒。在晴天出门之前，要涂抹质量较好的防晒霜，夏天的时候再带上一把防紫外线的阳伞，做好防护。要多注意休息。皮肤有自我修复的功能，而这个最佳时机就是在晚上睡觉的时间段，最明显的表现就是熬夜之后第二天会出现黑眼圈。因此熬夜是保养皮肤的大忌，晚上十点之前一定要上床睡觉，让肌肤能够好好休整。

除了外部呵护皮肤的做法，以内养外的养肤方法也不错。滋阴补血的当然不用说了，鸡蛋、猪肝、菠菜，甚至阿胶，都有相当不错的功效，而经常服用鲜榨果汁，同样也有非常出色的养肤作用以及健身治病的功效。

完美的肌肤是女人青春靓丽的标志。如果你想让自己尽展活力与激情，如果你不想让肌肤泄露出苍老的秘密，那么，紧急行动起来，让岁月积累的内在的、深厚的美质，通过肌肤的美丽流淌进人们的眼帘。自己要把脸部护理当成是一件像呵护生命那样至高无上的事来做，这样，你才可能让自己的脸尽量保持吹弹欲破般鲜嫩光滑。只要保养得当，任何年龄段都可绽放美丽，展现魅力。

4. 化出精致妆容，塑造美丽形象

化妆，在现在看来已成为女人生活中必不可少的一部分，它犹如女人的衣服一样，展示着女人不同的风格，不同的自信和气质。

漂亮的女人总是养眼的，但天赋的完美容颜并不多见。每个女性都想拥有自己独特的美丽，学会化妆后，就能扬长避短，放大优点，修饰缺点，同样能拥有无上的美丽。所以一个精致美丽的妆容，不仅可以让女人增添无限的自信，展示美好的形象，也能很好地弥补先天的不足，以最美丽的样子展现自我。毕竟天生丽质的人并不多见，而一份描画的美丽和精致，一样可以有魅惑众生的魔力。

但这样的妆容也是需要一定技巧才能达到的。生活中可以发现，有很多人看起来不施粉黛，可是肌肤细白眼睛有神；有的人虽然经常化妆，可是看起来还是感觉粗糙和俗气。这就是化妆技术高低的问题。

女人爱化妆，是基础；会化妆，才是王道。不一定要让你会给别人化妆，最起码会打扮自己，让自己可以在外表体现出品味。年轻的女人可以用它来演绎你的成熟；中年的女人还可以用它来显示你的活泼。化妆得当，美丽精致、风采无双；化妆不当，则很有可能得不偿失，白费功夫了。所以化妆就要按照基本的程序和方法来化，从而保证整体妆容的协调性。

（1）洁肤和护肤

用清洁霜、洗面奶或洗面皂清洁面部的污垢及油脂，有条件的话还可用洁肤水清除枯死细胞皮屑，然后结合按摩涂上有营养的化妆水。护肤可以选择膏霜类，如日霜、晚霜、润肤霜、乳液等涂在脸上，令肌肤柔滑，并可防止化妆品与皮肤直接接触，起到保护皮肤的作用。

（2）涂粉底

选择与肤色较接近的粉底，用海绵或手指从鼻子处向外均匀涂抹，不要忽视细小的部位，在头颈之间要逐渐淡下去。粉底不要太厚，以免像戴了一个面具。

（3）修眉、描眉

用眉钳、小剪修整眉形并拔除多余的眉毛，使之更加清秀。眉毛是展现脸部印象的重要组成部分。如果你总觉得拿着眉笔的手不听使唤，画不出令人满意的眉毛。不妨做个新尝试：用眉笔在手臂上涂上颜色，用眉刷蘸上颜色，均匀地扫在眉毛上，你会惊喜地得到更为自然柔和的化妆效果。当然用眉粉也有同样的效果。

（4）上眼妆

涂上眼影后，可以尝试用白色的眼线笔来描画眼线，使一双眼睛显的更大更有神采。然后用睫毛夹使睫毛卷翘，最后涂上睫毛膏。

（5）涂口红

用唇线笔画出唇线后，再用唇刷涂上口红或唇彩。最后一个步骤就是妆后检查。化完妆后，一定要进行妆后检查。主要检查以下几点：整体与局部是否协调。看看各局部是否缺漏、碰坏，整个妆面是否协调统一。

上述都检查完以后，可将镜子贴近自己脸部仔细检查一番，若确认无误，那你的妆就算初步完成了。

注意：化妆的工具必须保持清洁，性质温和的洗发水可以用来清洗化妆刷，加上少量的护发素就可以同时令刷毛柔软；用温水稀释清洁剂，用来清洗旧眉刷，是使眉刷迅速回复原貌的最好方法。

这只是基本的化妆步骤。每一个人有每一个人不同的特点，所以每个人的妆容也不相同，化妆也不相同。

人的脸型主要分成“甲”“由”“申”“国”“目”五种。不同的脸型有不同的化妆技巧：脸部化妆的总体原则是扬美遮丑。经过化妆品修饰的美有两种：一种是趋于自然的美，一种是艳丽的美，前者是通过恰当的淡妆来实现的，它给人以大方、悦目、清新的感觉，最适合在家或平时上班时使用。后者是通过浓妆来实现的，它给人以庄重高贵的印象，可出现在晚宴、演出等特殊的社会场合。无论是淡妆还是浓妆，都要利用各种技术、恰当的化妆品，通过一定的艺术处理，才能达到美化形象的目的。

甲字型：在上额两侧加入腮红可以调整上宽下窄的脸型，这是比较理想的脸型，不需太多修饰。适合加重头部感觉的发型，如荷叶头。

由字型：也称水滴型，下额要用阴影修改脸型特征，但注意阴影的面积越小，其收拢脸型的作用就越大，在下额与两颊之间要用腮红做过度。适合长短相间的发型。

申字型：也称枣核型，妆容关键在颧骨最高点上腮红。可沿颧骨的最高处与太阳穴下方所构成的曲线部位，向外、向上抹开去。若双颊下陷或者额部窄小，应在双颊和额部涂以浅色调的粉底，造成光影，使之变得丰满一些。眉毛修正时应令其成弧形，切不可有棱有角的。眉毛的位置不宜太高，眉毛尾部切忌高翘。适合短碎发。

国字型：注重下半部的阴影部分，国字型脸的人在化妆时要设法掩蔽突出的双颊骨，增加柔和感。胭脂的涂抹尽量与眼部平行，切忌涂在颧骨最突出处，可抹在颧骨稍下处并往外揉开，可用暗色粉底调在颧骨最宽处造成阴影，令其方正感减弱，下颚部宜用大面积的暗色调粉底造成阴影，以改变面部轮廓。唇膏可涂丰满一些，强调柔和感。眉毛应修得稍宽一些，眉形可稍带弯曲，不宜有角，适合扎马尾辫。

如果你想成为一个有品位的女人，就应该懂得在何种场合该配什么样的妆，自己又适合什么样的妆容。

化妆是一门既复杂又富有情趣的艺术，通过恰到好处的化妆，可以更加充分地展示自己容貌上的优点，体现你容光焕发、神采奕奕的精神气质，也给自己平添自信的光彩。

5. 营造属于自己的独特香氛

香水熏陶女人，女人演绎香水。不论古今中外，女人与香水，一直缠绵不绝。

在中国古典的情怀中，一个有魅力的女性总是与香味密不可分的。馨香、雅致、温柔、高贵、幽然……似乎一切美好的形容词都能“送给”香水。香水总是与女人连在一起，说到香水就会想到女人，女人和香水之间总是存在着亲密而微妙的关系，香水会让女人更女人，让女人更加美丽优雅、恬静柔情。女人的成熟高贵也因香水体现得淋漓尽致。李白曾有一首诗：“美人在时花满房，美人去后空留床，床上绣被卷不寝，至今三载有余香。”自古以来香水就与女人有着千丝万缕的联系。

在西方，香水与女人的关系也是源远流长。在很早以前，香水曾被颇有心计又有地位的女人当作一种实施阴谋手段的工具而倍受青睐。美丽的埃及艳后克娄巴特拉每当温柔时刻，总不会忘了在她的船帆上洒满香水，制造梦幻迷人的陷阱，也因这芬芳气息的迷惑，因这个美人的千般风情，恺撒与安东尼在这种精心制造的温柔乡中全身心地沉醉了，艳后在毒蛇似的浪笑声中满足了她强烈的政治欲望，香水发挥了它的神奇作用。

香水具有强大的魅力，使女人将自身的娇羞、畏惧、骄傲、向往、自信、坚强、野性全都锁在或清淡、或浓艳、或妩媚、或妖冶的芬芳之中，匆匆经过和稍作停留的人都能感受到她想要表达和难以道出的一切。

女人精致的妆容与得体的服饰，可以给人留下深刻的第一印象，但是，令人永久不忘的却是她身上那股若有若无的香味。那隐约飘散出来的香气，正是女人的无形装饰品。

从你身边掠过的女人，你仅从她身上那缕特有的幽香就可以品出她的身份和品位。闻香识女人，一个女人身上所散发的气息一旦被固定下来，便成为她独有的“牌子”。当你感觉到身边突然多出了一股芳香时，就是闭着眼睛，也知道是谁站在你的身边。

美妙的香水味不会在某一特定的时刻存在，当一种神秘而缠绵的香水飘来时，你可能就突然想起了某一天某一个时刻曾经发生的难忘的故事。香水的特别在于唤起人们对美好过去的回忆，对各种情感体验产生清新、荣耀、依恋、爱慕、激情、华丽的愉悦感。

香水是无声的歌吟、流淌的霓裳、热情的花朵、缠绵的尤物，所以女人们就不由自主地爱上它，因此，乐此不疲地收集各种品牌、不同版本的香水。

随着时间的推移，香味在不断地挥发，各种香料的挥发率不一样，也造成了不同时间段有不同的香味。这样，就形成了香水结构的基本构思，并且在 1889 年由爱默·娇兰在“姬琪”香水上付诸实施。从此以后，大批量的香水生产就采取这种金字塔式（或叫三阶式、三层式和经典式）的结构，也就是分前调的头香、中调的基香和尾调的末香三个基本的香味阶段。

前调（或叫头调、头香、初香）包含了香水中最容易挥发的成分。它只能维持很短时间，也许是几分钟，作用是给人最初的整体印象，吸引注意力。中调，也有人称为核心调，紧随前调出现，散发出香水的主体香味。它体现出一款香水最主要的香型，一般要维持最少 4 个小时。尾调（或叫末香、后调、深调、体香调、逸香、散香）是香味最持久的部分，也就是挥发最慢的部分，留香的持久使它成为整款香水的总结部分。尾调可以维持一天或者更长。

优雅的女人一定是懂得选择和使用香水的女人。而且一定不能用劣质刺鼻廉价香水，那会让她的美丽大打折扣。优质的香水味道一定是淡淡的馨香，轻轻地喷几下在耳后，在手腕上，那种若隐若现的香味会持续好几天，透过香味，会闻出幸福、闻出浪漫，闻出对生活对生命的由衷热爱！

6. 穿出优雅女人的独特品位

俗语有言："佛要金装，人靠衣装"，怎么让自己穿得漂亮，穿得得体，穿得优雅，穿得精致，绝对是职业女性的必修课。因为清新、优雅、恰当、合体的穿着，正是职业女性所不同于家庭妇女的一大特色。身在职场，穿衣打扮绝不可能像家庭妇女一样随意和率性。而且优雅而恰当的穿着，对于一个人形象塑造的作用，远远超过你的想象。可以说，一个人85%以上的形象由你的穿着决定。

小雪来自农村，但长相甜美漂亮。大专毕业后，她在一家医药公司从事销售工作，服装品位说实话等于零，出于省钱考虑，衣服大多是廉价品。但因为她长得漂亮，倒也清新可爱。大家都说："小雪，你真可爱，清新得就像清水出芙蓉。"然而，让小雪困惑的是，每次她出去拜访客户，客户都能看出她来自农村。小雪很想摘掉农村的标签，可是她不知该怎么办。

一天，同在城里工作的好姐妹瑶瑶来了。刚一见到小雪，瑶瑶就噗嗤一声笑了："你怎么还穿得这么土啊！"小雪看看眼前的瑶瑶，红色的爆炸头，大得夸张的耳坠，超短的性感连衣裙，耀眼的红色高跟鞋。瑶瑶说："看到没？城市的女孩子都这样打扮！"瑶瑶的话让小雪陷入了深思，她当天下午就拉着瑶瑶一起去挑选衣服。第二天，当她穿着和瑶瑶同一风格的衣服上班时，同事都瞪大了眼睛，打趣着说："差点都认不出了，小雪变得时尚了啊！"可是，经理看到后直摇头很不高兴地说："你这样出去，客户会怎么想？"小雪赶紧回去换掉了。

于是她向公司里的同事学习，同事小娟三十多岁，时常都穿深色的职业装，很有风度。小雪就也学着挑了几套职业装来穿，但深色的正装实在不是她这个年纪的人能驾驭的。客户反倒更少了，有的甚至认为小雪"爱装"，都不信任她了……后来，还是上了形象设计班，小雪才真正弄明白了职业女性的穿衣之道：首先，要选择适合自己的衣服，穿出自己的风格，不能学瑶瑶，也不能学小娟，我是小雪，就得穿出小雪的风格。小雪身材高挑，腰细长，性格温柔，就慢慢走出了淑女路线。

其次，穿衣服要考虑场合。上班时，要展现成熟干练的一面，小雪不想再被人认为是农村单纯的小姑娘，不仅要让客户感觉她可信，而且要感觉成熟，不会欺负她；其他场合，小雪穿得很随意，经常逛街，去观察别人的穿着打扮。

当小雪终于改变了自己的穿衣风格后，同事都说小雪成熟了，变得更有气质了，客户们也更欣赏、更信任她了。

女性的穿着打扮，绝不仅仅是时尚或是漂亮就可以，还必须注意自己的身材、气质、职业特征及出席的场合和时间等各因素，不能随心所欲乱穿乱搭。不分场合不分时间选择服装，是不可能穿出自己的品位和美丽，更不可能穿出自己职业的独特韵味来。所以要坚守一些基本的穿衣原则，才能正扬长避短，穿出自己的特色，突显自己的气质。

（1）场合原则。衣着要与场合协调。与顾客会谈、参加正式会议等，衣着应庄重考究；听音乐会或看芭蕾舞，则应按惯例着正装；出席正式宴会时，女性则应穿中国的传统旗袍或西方的长裙晚礼服，一般着装也应尽量庄重；而在朋友聚会、郊游等场合，着装应轻便舒适。比如以便装出席正式宴会，不但是对宴会主人的不尊重，也会令自己颇觉尴尬。

（2）时间原则。不同时段的着装规则对女性尤其重要。白天工作时，女性应穿着正式套装，以体现专业性；晚上出席鸡尾酒会就须多加一些修饰，如换一双高跟鞋，戴上有光泽的佩饰，围一条漂亮的丝巾；服装的选择还要适合季节气候特点，保持与潮流大势同步。

（3）地点原则。在自己家里接待客人，可以穿着舒适但整洁的休闲服；如果是去公司或单位拜访，穿职业套装会显得专业。

（4）整洁原则。服装并非一定要高档华贵，但须保持清洁，并熨烫平整，穿起来就能大方得体，显得精神焕发。整洁并不完全为了自己，更是尊重他人的需要，这是良好仪态的第一要务。

（5）三色原则。也就是一套衣服全身上下的颜色最好不要超过三种为好。太过花哨和艳丽的服装是不适合职场的。

（6）配套原则。除了主体衣服之外，鞋袜手套等的搭配也要多加考究。如袜子以透明近似肤色或与服装颜色协调为好，带有大花纹的袜子不能登大雅之堂。正式、庄重的场合不宜穿凉鞋或靴子，黑色皮鞋是适用最广的，可以和任何服装相配。

（7）点缀原则。巧妙地佩戴饰品能够起到画龙点睛的作用，给女士们增添色彩。但是佩戴的饰品不宜过多，否则会分散对方的注意力。佩戴饰品时，应尽量选择同一色系。佩戴首饰最关键的就是要与你的整体服饰搭配统一。

掌握了这些原则，还需要结合自身的条件， 在尽量在穿出自己个性的同时，体现出优雅的品位，并适合自己的职业和身份，才能真正穿出自己的独特味道，展现自己的独特魅力。

第九章 通晓礼仪，懂礼守礼展现女人的高贵大方

一个懂礼守礼、通晓礼仪的女人，一定是优雅的，知性的，美丽的，有气质的。女性的气质，是氤氲在礼仪之中的一缕淡雅而温煦的香氛，浸透于迎来送往、交朋结友的每个细节。它并不夺人眼目，却散发出幽远而诱人的气味，让女性平添优雅魅力。

1. 知礼懂礼的女性更具知性美

礼仪是形象的一部分，也是女性魅力的源头之一。温文尔雅、彬彬有礼，是女性之所以温婉迷人、魅力无穷的重要因素。女性优雅高贵、气韵生动的魅力就氤氲在谦敬合度、往来得体的礼仪之中。

礼仪是在人际交往中，以一定的、约定俗成的程序、方式来表现的律己、敬人的过程，它涉及穿着、交往、沟通、情商等内容。礼仪宛若女性身上的一件锦缎华袍,为女性增添无尽的魅力;礼仪又像高妙的风骨，一旦融入到女性血脉中，让女性在不着痕迹之处展现自己的良好素质，露出内在的修养，展示出优雅的气质。

一个懂礼、守礼、有礼的女性，永远比粗鲁横蛮的女性更有气质，更有魅力。一是因为讲究礼仪使一个女人有一种落落大方的气质。即使是很简单的礼节，比如见面点点头、问个好，也表现了对对方的尊重。如果以得体的言语、举止和发自内心的微笑来对待领导、同事，就会很快赢得别人的好感。注重礼仪、不断完善自我、懂得自我增值的女性，会用仁爱宁静的温情平和地愉悦周围的人际关系，能经常反省自我精神面貌，自修内在素质，培养外在风度和魅力，这样的女性，自然有一种知性优雅的风度，与众不同的魅力。

二是因为讲究礼仪的女人穿着打扮更知性。知道如何装扮自己，她们有自己的原则和自己的生活特色，不会因为潮流或是时尚而轻易随波逐流，庄重大方、优雅得体的打扮是她们坚守的风格，因而她们的形象有一种知性的美丽。

三是因为讲究礼仪的女性更温暖和好看。一个女人有优雅、得体、自然的动作与姿态，“站有站相，坐有坐相”，站、坐、行走、举手投足都文雅而自然,必然会让人有一种她温暖又好看的感觉,觉得可亲可近,让人喜欢。

魅力是什么？魅力其实是一个特殊气场，是从女人的身体内部和心的深处自然而然涌动、喷发、流露出来的一种特别的与众不同的气韵。这种气韵如兰桂之香，清远悠扬；又如梅荷之丽，雅致高洁；更如磁石之力，让人心慕身随，身不由己。

女性的魅力浅露于外又深藏于心，女性独特的气韵生动的魅力就氤氲在谦敬合度、往来得体的礼仪之中。是氤氲在礼仪之中的淡雅而温煦的一缕香氛，它浸透于日常生活的每个角落，它并不夺人眼目，却有着磁铁般的吸引力，散发出幽远而诱人的气味，从而使一个平凡的女性也能在彬彬有礼的往来中展现出持久而永恒的魅力。要让自己更有魅力，更具知性和优雅的气质，就要多学习礼仪，知礼、懂礼、守礼，魅力和风采就会自然而来。

2. 寒暄问候，见面称谓有讲究

寒暄和问候，也就是日常见面的招呼之语。其作用是在人际交往中打破僵局，缩短人际距离，向对方表示自己的敬意，或是借以和对方表达自己乐于与之交往之意。与人交往，只有礼仪周到才能得到对方的回应，达到我们的目标。所以懂礼守礼极为重要。

《西游记》中有这样一个情节：有一次猪八戒去探路，看见山路上有一个妇女，就问："胖女人，上山的路怎么走。"那妇女听后，理都没有理他。后来孙悟空又去探路，依然看见了那位妇女，就问："这位大嫂，请问上山的路怎么走？"那妇女才告诉了他上山的路。可见，跟人打招呼的礼貌直接关系到事情的成败哟。

跟初次见面的人寒暄，最标准的说法是"你好""很高兴能认识您""见到您非常荣幸"，等等。比较文雅一些的话，可以说"久仰"，或者说"幸会"。要想随便一些，也可以说"早听说过您的大名"、"某某某人经常跟我谈起您"，或是"我早就拜读过您的大作"、"我听过您作的报告"，等等。

寒暄语应带有友好之意，敬重之心。寒暄的主要用途，是在人际交往中打破僵局，缩短人际距离，向交谈对象表示自己的敬意，或是借以向对方表示自己乐于与他交往之意。所以说，在与他人见面之时，若能选用适当的寒暄语，往往会为双方进一步的交谈做好铺垫。反之，在本该与对方寒暄几句的时刻，一言不发，则是极其无礼的。

在被介绍给他人之后，应当跟对方寒暄。若只向他点点头，或是只握一下手，通常会被理解为不想与之深谈，不愿与之结交。

碰上熟人，也应当跟他寒暄一两句。若视而不见，不置一词，难免显得自己妄自尊大。与熟人寒暄，用语则不妨显得亲切一些，具体一些。寒暄语不一定具有实质性内容，而且可长可短，需要因人、因时、因地而异，但它要具备简洁、友好与庄重的特征。

问候，也就是人们相逢之际所打的招呼，多见于熟人之间打招呼。西方人爱说："嗨！"中国人则爱问："去哪儿""忙什么""身体怎么样""家人都好吧"。

牵涉到个人私生活、个人禁忌等方面的话语，最好别拿出来献丑。例如，一见面就问候人家"跟男朋友吹了没有"，或是"现在还吃不吃药了"，都会令对方反感至极。有些人为了节省时间，将寒暄与问候合二为一，以一句"您好"，来一了百了，既简洁又有礼貌，也是可以的。

见面时的称谓，也非常重要。中国人不仅对称谓很讲究，称谓本身是一个非常复杂的体系，有姓、名、字、号、室名堂号、官位职位等。如果称谓不对或不恰当，会被认为不尊重自己，是对自己的侮辱。现实生活中往往有因为称呼不当，而引起不快的现象出现。因此，恰当地、礼貌地称呼别人，也是礼仪素养的重要内容。

在正式的礼仪场合，称谓要庄重、正式、规范。一般有三种，即应当称呼交往对象的行政职务、技术职称，或是其泛尊称。泛尊称，指的是先生、小姐、夫人、女士一类可以广泛使用的尊称。

在正式见面中，以对方的行政职务相称，以示身份有别，是最常见的一种称呼方法。可以仅称职务，如“局长”“处长”“经理”、“主管”等；也可以在职务前面加上姓氏，如“李市长”“张董事长”等。

对医生、教授、法官、律师以及有博士等有职称和学位的人士，均可单独称“医生”“教授”“法官”“律师”“博士”等。同时可以加上姓氏，也可加先生。如“李教授”、“法官先生”“律师先生”等。这样可以表示你对他职业的认可和尊敬。

对于那些初次打交道的，或者既没有具体的职务也没有具体的职称的人，可以直接称呼他们为“先生”“小姐”或者“夫人”，如果知道他们的姓氏，就最好在这些泛尊称的前面带上对方的姓，如“张先生”“李小姐”等。在使用泛尊称的时候，对于男士，不管多大年纪，都可以称呼对方为“先生”，但是对于女士来说，“夫人”这个称呼可不能乱用的，必须在知道对方已经结婚的前提下才可以用。

除此之外，正式场合的称谓还要注意以下几点。

第一，关系越熟越要注意称呼。尤其是有其他人在场的情况下。人人都需要被人尊重，越是熟人，越是要彼此尊重，如果熟了就变得随随便便，“老王”“老李”甚至用一声“唉”“喂”来称呼了，这样极不礼貌，是令对方难以接受的。许多夫妻在正式场合都会以正式的尊称来招呼对方，如“李局长”“张主任”等，这是值得学习的。

第二，初次见面更要注意称呼。初次与人见面或谈业务时，要称呼姓加职务，要一字一字地说得特别清楚，比如：“王总经理，您说得真对……”如果对方是个副总经理，可删去那个“副”字；但若对方是总经理，不要为了方便把“总”字去掉，而变为经理。

第三，一定要用正式的称谓，不要不称谓或是乱称谓。比如不称呼对方，就直接开始谈话是非常失礼的行为。有些称呼具有很强的地方色彩，比如，北京人爱称人为“师傅”，山东人爱称人为“伙计”，而在南方人听来，“师傅”等于“出家人”，“伙计”肯定是“打工仔”。有些称呼不适宜正式场合，切勿使用。“姐们”“哥们”等称呼，会显得使用这种称呼的人档次不高，缺乏修养。

对他人的礼貌称谓，不仅是基本的礼仪，也是一个人修养和内涵的体现。优雅的女人，称呼礼仪是必不可少的，而且一定要得体！

3. 日常交往，礼数周到才合宜

日常交往礼仪主要表现为见面、接待、握手、相互介绍和问候、递送名片等礼仪，它是现代女性的基本礼仪规范。在社交场合中，掌握正确的待人接物礼仪，能使你拉近与交往对象的距离，展现自己的修养，从而推动人际交往活动的顺利进行。

（一）介绍的礼仪

为他人做介绍时必须遵守“尊者优先了解情况”的规则，在为他人做介绍前，先要确定双方地位的尊卑，然后先介绍位卑者，后介绍尊者。公认介绍的基本规则如下。

先将男士介绍给女士。例如，介绍李先生与王小姐认识，介绍人应当引导李先生到王小姐面前，然后说：“王小姐，我来给你介绍一下，这位是李先生。”注意在介绍的过程中，被介绍者的名字总是在后面。

先将年轻者介绍给年长者。把年轻者引见给年长者，以示对前辈、长者的尊敬。比如：“周教授，让我来介绍一下，这位是我的同学刘芳。”“李阿姨，这是我的表妹艳红。”“张伯伯，我请您认识一下我的朋友张大民。”在介绍中，应注意有时虽然男士年龄较大，但仍然是先将男士介绍给女士。

先将职位低的介绍给职位高的。在实业界或公司中，在商务场合要先将职位低的介绍给职位高的。比如：“王总，这位是××公司的总经理助理刘女士。”注意，这里我们先提到的是王总经理，这是因为我们把王总经理的职位看作高于刘女士，尽管王总经理是一位男士，仍不先介绍他。

先将未婚女子介绍给已婚女子。比如：“郑太太，让我来介绍一下，这位是李小姐。”注意当被介绍者，无法辨别其是已婚还是未婚时，则不存在先介绍谁的问题，可随意介绍，如：“张女士，我可以把我的女朋友杨小姐介绍给你吗？”

先将家庭成员介绍给对方。在向别人介绍自己的家庭成员时，应谦虚地说出名字。这不仅是出于礼貌，而且对介绍自己的家庭成员也比较方便。比如：“张先生，我想请你认识一下我的女儿晓芳。”“张先生，请允许我介绍一下我的妻子。”

自我介绍要适度。很多时候，我们需要作自我介绍。自我介绍所用的时间不宜过长，一般半分钟左右，如无特殊情况最好不要长于1分钟。在初次见面作自我介绍时，指望交往对象仅凭自己的自我介绍，就对自己“一目了然”，是不现实的。在自我介绍时，东拉西扯，借题发挥，信口开河，滔滔不绝，对自己而言是失态，对对方而言是失敬，都是出力不讨好的。为了节省时间，在作自我介绍时，还可利用名片、介绍信加以辅助。若使用了名片、介绍信时，则其上所列有的内容应尽量不予重复。

当你被介绍时，可能所有人的注意力就会一下子集中到了你身上。

这时你怎么反应是很重要的，这是你表现自己的契机。一般来说，被介绍人应该这样做：

应当先站起来，并正面对着对方，显示出有礼貌并乐于结识对方的诚意。介绍完毕，通常应与对方握手致意，并说声“您好”“幸会”一类的客套话。男士起立，女士同样也要起立。即使你无法起立，也应尽可能做起立状，只有你的身份高于对方才可以不起立。

当你被介绍时，不管你正在想什么或做什么，应该微笑着走上前去，目视对方，同时伸出你的手，与对方热情、友好地握手。不要让人感到你对被介绍的人不在意，不要冷冰冰的样子，那样会让人感到你的傲慢、不懂礼貌。

自然、巧妙地介绍自己和他人，这是社交中的基本礼仪，是每个现代丽人都应该熟悉的。

（二）握手的礼仪

握手，是人们在社交场合司空见惯的礼仪。这么一个平常的动作，但却是沟通思想，交流感情，增进友谊的重要方式。而且是一项基本礼仪，只有懂得这项礼仪你才敢“该出手时就出手”，女人要尤其注意。

握手必须要有正确的姿势。行握手礼时，上身应稍稍往前倾，两足立正，伸出右手，距离受礼者约一步；四指并拢，拇指张开，向受礼者握手，礼毕后松开。距离受礼者太远或太近都是不雅观的，尤其不要将对方的手拉近自己的身体区域，握手时必须上下摆，而不能左右摇。当遇到很熟的人时，因为情感的原因，可以伸双手相握。用左手是不礼貌的。

女士之间行握手礼时，只要服从一般规范即可，握手时间及握手的力度都比较随便，但是与男士握手，或者与长者、贵宾握手，则要遵从特定的礼仪规范。

交际时如果人数较多，可以只跟相近的几个人握手，向其他人点头示意，或微微鞠躬就行。注意在与多人同时握手时，应遵从一定的顺序，不可几个人竞相交叉握手。

（三）接、送名片的礼仪

若想适时地发送名片，使对方接受并收到最好的效果，必须注意下列事项：

除非对方要求，否则不要在年长的人士面前主动出示名片。对于陌生人或巧遇的人，不要在谈话中过早发送名片。因为这种热情一方面会打扰别人，另一方面有推销自己之嫌。

不要在一群陌生人中到处传发自己的名片，这会让人误以为你想推销什么物品，反而不受重视。在商业社交活动中尤其要有选择地提供名片，才不致使人以为你在替公司搞宣传、拉业务。

出席重大的社交活动，一定要记住带名片。无论参加私人或商业餐宴，名片皆不可于用餐时发送，因为此时只宜从事社交而非商业性的活动。

向对方递名片时，应面带微笑，注视对方，将名片正面对着对方，用双手的拇指和食指分别持握名片上端的两角送给对方。如果是坐着的，应当起立或欠身递送，递送时说一些："我叫××，这是我的名片，请笑纳。""我的名片，请你收下。""这是我的名片，以后请多关照。"之类的客套话。

接收他人递过来的名片时，应尽快起身，面带微笑，用双手拇指和食指接住名片下方的两角，并说"谢谢""能得到您的名片，深感荣幸"等。名片接到后不能随便乱放。如果是初次见面，最好是将名片上的重要内容轻声读出来。

交换名片的顺序一般是"先客后主，先低后高"。即地位低的先把名片交给地位高的，年轻的先把名片交给年老的，客人先把名片交给主人。不过，假如是对方先拿出来，自己也不必谦让，应该大方收下，然后再拿出自己的名片来回赠。当与多人交换名片时，应依照职位高低的顺序，或是由近及远，依次进行，切勿跳跃式地进行，以免对方产生厚此薄彼的误会。

名片最好放在专门收藏名片的皮夹、名片盒或名片夹里存放。把名片放在钱包和月票夹内的做法都是应当避免的，因为自己在递出名片时还要把这些东西拿出来亮相一番，这是很不雅观而且不妥，而把别人的名片乱塞乱掖同样失敬。名片和收放名片的夹子，应避免放在臀部后面的口袋内，名片是个人身份的代表，对它应像对待主人一样尊重和爱惜。

4. 社交场合，谦敬有度不失礼

现代女性参加各种社交应酬的机会逐渐增多。在某些特定的场合，有些我们原来不太熟悉的礼仪知识需要去加以掌握，例如宴会礼节、沙龙礼仪、拜访礼节、舞会礼节、婚礼礼节等。只有当你熟知这些社交场合的礼仪规范，才能在社交场合展现你的魅力和风采。

（一）酒会的礼仪

酒会，是便宴的一种形式。起初，它兴起于西方。而今，在国内也极其多见。对于经常出入社交场的女性，掌握一些酒会上的礼仪是很有必要的。

酒会是社交、外事、商务活动中最常见的形式之一，在我们穿戴一新步入酒会时，千万不要因为一些小细节而毁了我们的形象。

某企业一位高级主管刘女士去参加一个商业酒会，她换上了一套准备好的西服套裙，然后携带日常上班用的绒布提包就去了饭店。到了酒会上她才发现，别的女士大都拎的是羊皮手提包或缎面的小包，她的提包看上去与现场气氛不协调，令她感觉浑身都不自然。

刘女士的不自在源于她的手包。看似无所谓的一个细节，却也让人不小心失了礼，所以，平常对这些小细节好一定要注意。

一般而言，参加酒会和宴会，应选择小巧考究，色彩亮丽的手提包，里面只放少量的化妆品、钥匙、钱等物品；刘女士的大绒布包肯定不协调了。要记住出席酒会随身物品一定要少，女士手提包应套在手上，不要拎在手里摆来摆去。

进入酒会现场，你应该对迎面相遇的任何一位宾客点头微笑。同时你要明确，第一重要的事情是寻找主人，向他表示你的谢意，让他知道你已经来了。这个招呼要简单、扼要，不要拉着对方说个没完，因为酒会客人很多，你占用主人太多的时间，会让主人感到很难堪。他会为自己无法分身而苦恼，也会让其他的客人没有机会和主人打招呼。

在酒会上，通常不为用餐者设立固定的座位，也就是说，它是不用排桌次、位次的。用餐者在用餐时，一般均须站立，找个座位稍作休息也未尝不可。

标准的酒会餐顺序是：开胃菜、汤、热菜、点心、甜品、水果。鸡尾酒在餐前或是吃毕水果后再喝。

选取菜肴时，不论是去餐台取菜，还是从侍者手里的托盘选择酒水，均应排队，依次而行，不能哄抢。不论是爱吃的，还是尚未尝过的，都应一次只取一点，若不够可以下一次再接着去取。这就是所谓“多次少取”。若是取菜时“让我一次取个够”，狂取一通，好像生怕下次取不到了似的，是十分失礼的。

在酒会上，自己先取酒水、点心、菜肴时，切记不要超标过量。取来的东西，必须全部吃完。扔掉或浪费掉了，是不允许的。

在酒会上，除家人、至交外，千万不要擅自去替别人代取酒水、点心、菜肴，因为自己不可能知道此刻对方是不是有此需要，或是对此是否喜欢。出于礼貌，让让对方，则是可行的。

在酒会上，只要有本事，吃多少喝多少都行。但是绝对不能“顺手牵羊”，把酒会上的东西外带回家，这是缺乏教养，很无礼的。

在大型的酒会上，一般客人可以不和主人打招呼就离开，但声音要小，最好不让别的宾客知道，以免动了“军心”。另外，绝对不能招呼别的客人一同撤离，否则你就不仅是失礼，简直是拆台。

酒会后千万不要忘了事后致谢，应当在三天之内感谢对方的邀请和款待，最迟也不能超过一周。

（二）沙龙礼仪

以社交为目的举办的专门性的室内聚会，一般都被称为沙龙。按照人们在聚会中所讨论的中心话题或从事的主要活动来区别，沙龙又有许多种类。具体来讲，包罗万象，内容众多的，叫做综合沙龙；亲朋好友、同事、同学相互之间以保持联络为目的的，叫做交际沙龙；主要是为了接待来访者，意在相互了解，加深认识的，叫做联谊沙龙；以学术讨论为主要内容的，叫做学术沙龙；主要由文学艺术爱好者发起、参加的，叫做文艺沙龙；以休闲、娱乐为主要活动形式的，则叫做休闲沙龙。

交际型沙龙主要的目的是为了使参加者之间保持接触，进行交流。因此，它的具体活动形式可以灵活多样。如座谈会、校友会、同乡会、聚餐会、庆祝会、联欢会、生日派对、节日晚会、家庭舞会等，实际上大都属于交际型沙龙。交际型沙龙上，有几条基本的礼仪。

一是要恪守约定。所谓恪守约定，就是要求商务人员在参加沙龙时，遵守时间，按时赴约，不得无故迟到、早退或是违约。通常不宜早到，准时到场或迟到三五分钟，是比较规范的。万一临时有事难以准点到达，或不能前往，需提前通知主人，并向大家表示歉意。迟到太久了，一定要向主人和大家说“对不起”。

二是要体谅主人。所谓体谅主人，就是要求客人在参加沙龙活动时，应当设身处地地时刻多替主人着想，并尽可能地对其进行帮助。至少，也应该做到，不为主人忙中添乱。参加沙龙之初，不要忘了问候主人。

在沙龙举办期间可以找机会向主人询问一下“我能做一些什么”，即使有些方面不一定尽如人意，也要保持克制，别说怪话。不要对主人所作的安排，品头论足，说三道四。

在主人家中参加沙龙时，不要自以为与主人过从甚密，便可以不讲公德。比方说，不管主人有无要求，都不可吸烟、随地吐痰或乱扔东西。不允许擅自闯入非活动区域，乱拿或乱动主人的物品。

沙龙结束时，向主人道别之后方可告辞。

5. 行走职场，遵守礼仪规范更受欢迎

职场礼仪，是指人们在职业场所中应当遵循的一系列礼仪规范。可以理解为由于良好的教养或有关权威的规定，对一定等级和场合要求遵守的礼节，包括礼貌、礼节、规矩。

了解、掌握并恰当地应用职场礼仪规范有助于完善和维护职场人的职业形象，会使你在工作中左右逢源，使你的事业蒸蒸日上，也使自己的气质和魅力得到提升，职场之路走得更顺。

（一）面试礼仪

求职是我们职业生涯的开始，对面试礼仪的重视程度往往会影响到你的面试成绩，甚至你将来的前途。掌握基本的面试礼仪，无疑会一开始就留下好的印象，顺利打开职场大门。

要准时到达。迟到是最失礼的行为，所以务必准时。最好还要提前五分钟，让你能到洗手间快速地解决化妆、腋臭和如厕问题。看看发型有没有乱，口红及齿间有没有脏东西等，在感觉一切准备就绪的状态下，才能从容地接受公司的面试。

穿戴一定要正式。实际上，人们总是在见面的前 5 分钟就决定会不会喜欢这个人。所以一定要穿戴整洁、正式。不要过于休闲或潮流，不能有异味，不要太过性感，也不要穿着会发出声响的衣服。那些新奇的东西，例如鹦鹉耳环和音乐袜子，它们会让你看上去像个怪物。

妆容要素雅端庄。不能浓妆艳抹，花枝招展。许多人心理上都认为“过

分追求时髦的人往往是不求上进的人”，所以清新素雅、端庄大方的形象是最适合面试的。

要作好必要的准备。比如必备的个人简历、身份证复印件及其他证件，同时尽可能对将应聘的公司和行业多一些了解。这样当面试官提起来的时候不至于不知所措。

见面时要讲礼貌。面试时不要过于热情地与面试官套近乎，握手或打招呼。可以走到自己的椅子边时远远地稍微鞠躬以示敬意。在面试官示意你坐下时才能坐下。

说话时不要低头，要看着对方的眼睛或眉间，不要回避视线。不要一味直勾勾地盯着对方的眼睛。做出具体答复前，可以把视线投在对方背景上，如墙上约两三秒钟做思考，不宜过长，开口回答问题时，应该把视线收回来。

不管面试结果如何，告别时都应当面带微笑，轻声说谢谢后再离开。

（二）办公室礼仪

在办公室工作，服饰要与之协调，以体现权威、声望和精明强干为宜。女士最好穿西装套裙、连衣裙或长裙。不宜把露、透、短的衣服穿到办公室里去，否则使内衣若隐若现很不雅观。

在办公室里工作不能穿背心、短裤、凉鞋或拖鞋，也不适合赤脚穿鞋。戴的首饰也不宜过多，走起路来摇来摇去的耳环会分散他人注意力，叮当作响的手镯也不宜戴。

在办公室里对上司和同事们都要讲究礼貌，不能由于大家天天见面就将问候省略掉了。“您好”“早安”“再会”之类的问候语要经常使用，不厌其烦。同事之间不能称兄弟道弟或乱叫外号，而应以姓名相称。对上司和前辈则可以用“先生”或其职务来称呼，最好不同他们在大庭广众之前开玩笑。

行为要多加检点。尽量不要在办公室里吸烟，更不要当众表演自己擅长的化妆术。如很想吸烟或需要化妆，则应去专用的吸烟室或化妆间。若附近没有这类场所，则借助于洗手间。

办公时间不要离开办公桌，看书报、吃零食、打瞌睡一定会引起上司的不满。私人电话接起来没完没了会招致同事们的白眼，而坐在办公桌上办公或将腿整个翘上去的样子都是很难看的。

接待来访者要平等待人，而不论其是否有求于自己。回答来访者提出的问题要心平气和，面带笑容。绝不能粗声大气，或者以拳头砸桌子来加重语气。

去别的办公室拜访同样要注意礼貌。一般需要事先联系，准时赴约，经过许可，方可入内。在别的办公室里，没有主人的提议，不能随便脱下外套，也不要随意解扣子、卷袖子、松腰带。未经同意，不要将衣服、公文包放到桌子和椅子上。公文包很重的话，则放到腿上或身边的地上。不要乱动别人的东西。在别的办公室停留的时间不宜太久，初次造访以20分钟左右为准。

（三）商务洽谈礼仪

由于洽谈会关系大局，所以商界人士在这种场合，理应穿传统、简约、高雅、规范的最正式的礼仪服装，女士须穿西装套裙和衬衫，配肉色长统或连裤式丝袜和高跟或半高跟皮鞋。

在洽谈会上，应当特别重视礼仪性很强的座次问题。举行双边洽谈时，应使用长桌或椭圆形桌子，宾主应分坐于桌子两侧。若桌子横放，则面对正门的一方为上，应属于客方，背对正门的一方为下，应属于主方。若桌子竖放，则应以进门的方向为准，右侧为上，属于客方；左侧为下，属于主方。

在进行洽谈时，各方的洽谈人员应在自己一方居中而坐。其余人员则应遵循右高左低的原则，依照职位的高低自近而远地分别在主谈人员的两侧就坐。假如需要译员，则应安排其就座于主谈人员之右。

若是举行多边洽谈时，为了避免失礼，按照国际惯例，一般以圆桌为洽谈桌来举行“圆桌会议”。这样一来，尊卑的界限就被冲淡了。

在洽谈会中，要面带微笑、态度友好、语言文明礼貌、举止彬彬有礼，有助于消除对手的反感、漠视和抵触心理。在商务洽谈中，对于诸如以弱为强、制造竞争、火上浇油、出奇制胜、利用时限、声东击西等策略，任何行家高手都不会不清楚，但是至为关键的“活学活用”则需要平时多加积累经验。

洽谈者在洽谈的整个进程中，要排除一切干扰，始终如一地对自己的洽谈对手讲究礼貌，时时、处处、事事表现出对对方不失真诚的敬意。

（四）公务迎送礼仪

公务迎送，不同的公司、不同的公务对象，有不同的规格。迎送的规格应根据应邀客人的身份、到来的目的、性质和时间，长短等综合因素考虑。一般要遵循对等的原则。在公务迎送中，一是要由级别相当的人员或组织出面迎送，如同事不能前往，应委托相关人员代为迎送，并说明原因，表示歉意；二是要安排合乎规格的食宿，可根据因公出差食宿开支标准安排，不要过高，也不要过低；三是要安排好接送车辆和各种物品。

对远道而来的客人，须提前去机场、车站、码头等候客人，避免客人久等或迷路。为帮助客人熟悉当地环境，可准备一些有关资料提供给客人查阅，如城市简介、交通图、浏览图等。

客人走下车、船、飞机时，主要迎接人员走上前去欢迎、握手、问候。如果有必要，可由乐队奏欢迎曲。 由礼宾工作人员将主人介绍给来宾，再由主人向来宾一一介绍前来欢迎的人员。主人介绍后，由客人向主人一一介绍随同前来的其他客人，介绍后稍事寒暄。

如果陪客人同乘一辆轿车，要首先为客人打开轿车的右侧后门，并以手掌挡住车篷上沿，提醒客人不要碰头。等客人坐好后，方可关门。最后，接待人员应绕道车尾从左侧后门上车。 轿车上的座次有主次尊卑讲究。一般认为，车上最尊贵的位置是后排与司机的座位成对角线的座位，即后排右座。其余座位的主次尊卑次序是：后排左座、后排中座、前排右座。抵达目的地时，接待人员要先下车，从车尾绕过去为客人打开车门，以手挡住车篷上框，协助其下车。

客人到达下榻处后，接待人员不宜久留，以便客人休息。离开前，可以送上事先安排好的日程表，并征求客人意见。

客人来访安顿好，主人应登门拜访。拜访的时间不应过长，因为这是礼节性的拜访，问寒问暖，问问有什么困难等即应告辞。

来访结束以后，到了公务迎送的最后环节——送客。协助外地客人办好返程手续。应准确掌握客人离开本地的时间，以及所乘交通工具的意见，为其预订好车、船、机票，尽早通知客人，使其做好返程准备。可以为长途旅行的客人准备一些途中吃的食品。

在客人离开的当天或前一天为客人送行。临别前一天送行，应到客人住地热情、诚恳、有礼地对招待不周表示歉意，征求客人的意见，询问客人还有什么困难需要帮助解决等，然后道别。客人返程的当天送行，一般应送到车站、码头或机场，陪同客人候车、候船或候机，直到火车、轮船或飞机启动后再离开，如果自己不能前往，应向客人说明原因，表示歉意。

（五）公务拜访的礼节

在工作中因为出于各种原因，你可能要去拜访别人，这时就更需要讲究礼仪，才能使你尽量顺利地完成工作任务。约好去拜访对方，无论是有求于人还是人求于己，都要从礼节上多多注意，不可失礼于人，而有损自己和单位的形象。

张玲是市外办的一名干事，有一次，领导让她负责与来本市参观访问的某国代表团进行联络。为了表示对对方的敬意，张玲决定专程前去对方下榻的饭店拜访对方。

为了避免出现得仓促，她先用电话与对方约好了见面的时间，并且告之自己将停留的时间长度。随后，张玲精心地化了妆，选了一套端庄大方而不失优雅风姿的套裙，还准备了一些本市的风光明信片作为礼物，准备送给要见面的代表。

张玲准时赴约。进门后，她先主动向对方问好并与对方握手为礼，随后做了简要的自我介绍，并双手递上自己的名片与礼品。简单寒暄后，便直奔主题，表明自己的来意，详谈完后便握手告辞。

张玲的表现可以说是一次典范式的公务拜会——基本的常规礼仪。

到办公室拜访要注意仪容，穿戴要整洁大方，这既是对对方的尊重，同时也表明自己对拜访的重视程度。时间不宜过长，一般在 15 分钟至半个小时之间即可。

预约拜访的时间一般提前一周预约，约在周二以后比较合适。上午 9 点到 11 点，下午 2 点到 4 点 30 分是比较好的拜访时间。今天预约当天或第二天的拜访是最大的忌讳，这表现了你的狂傲和对对方的不尊重，要尽量避免。如果要拜访的人特别重要，要会谈的事特别重大，你还应当更加提前，提前半个月、一个月，以便对方妥善安排。

时间约定以后要准时造访。让别人无故干等无论如何都是严重失礼的事情。如果有紧急的事情，不得不晚一会，必须通知你要见的人。如果打不了电话，请别人为你打电话通知一下。如果遇到交通阻塞，应通知对方要晚一点到。

当你被引到约见者办公室时，如果是第一次见面，就要先做自我介绍，如果已经认识了，只要互相问候并握手就行了。

一般情况下对方都很忙，所以你要尽可能快地将谈话进入正题，而不要闲扯个没完。清楚直接地表达你要说的事情，不要讲无关紧要的事情。说完后，让对方发表意见，并要认真地听，不要辩解或不停地打断对方讲话。你有其他意见的话，可以在他讲完之后再说。

对对方的举动应该十分敏感，当人家有结束会见的意思时应立刻起身告辞，切忌死赖着不走。尽量在吃饭时间之前离开，除非约好共同进餐。

如果这次拜访有第三者作介绍，一定不能忘记把拜访的情况告诉他，并对他表示衷心的感谢。这是非常重要的事情，也是一种有修养的体现。

到办公室拜访，特别是一般性的工作访问，多数情况下不必准备什么礼物。但若是为了感谢对方单位的支持，就应准备相应的礼品，一般的锦旗、牌匾之类的礼品为宜。

（六）接打电话的礼仪

职业女性上班免不了接打电话，要注意以下礼仪规范：

电话铃响两遍就接，不要拖时间。拿起话筒先说“您好”。如果电话铃响过四遍后，拿起听筒应向对方说：“对不起，让您久等了”，这是礼貌的表示，可消除久等心情的不快。如果电话内容比较重要，应做好电话记录，包括单位名称、来电话人姓名、谈话内容，通话日期、时期和对方电话号码等。

打电话时，姿势要端正，说话态度要和蔼，语言要清晰，既不装腔作势，也不娇声娇气。这样说出的话哪怕只是简单的问候，也会给对方留下好印象。只要脸上带着微笑，自然会把这种美好的、明朗的表情传给对方。特别是早上第一次打电话，双方彼此亲切悦耳的招呼声，会使人心情开朗，也会给人留下有礼貌的印象。电话接通后，主动问好，并问明对方单位或姓名，得到肯定答复后报上自己的单位、姓名。不要让接话人猜自己是谁（尤其是长时间没见的朋友、同事），以使对方感到为难。对方要找的人不在时，不要随便传话以免不必要的麻烦，如必要，可记下其电话、姓名、以方便回电话。

挂电话前的礼貌也不应忽视。挂电话前，向对方说声：“请您多多指教”“抱歉，在百忙中打扰您”等，会给对方留下好印象。

办公场合尽量不要打私人电话，若在办公室里接到私人电话时，尽量缩短通话时间，以免影响其他人工作和损害自身的职业形象。

6. 礼尚往来，懂得送礼的学问

中国人重视礼尚往来，馈赠礼仪也就十分重要。送礼的形式和内容可以反映出女人的个性和风度。送出去的礼物就像一面镜子，它可以真实地反映出你的智慧或愚昧、真诚或虚荣、乏味或幽默、大方或吝啬、沉稳或轻佻、呆板或浪漫、机灵或俗气，而这所有的一切都体现着你是否是一个有着高雅品性的女人。

“送礼”的本意，不是施舍，也不是资助。不应该把礼物以金钱的价值来衡量,因而,送礼不可太俗太奢侈。名贵礼品,不见得表示情深意厚,微薄的礼品不一定不成敬意。

送礼要注意对象、场合和内容的不同，尤其要注意对象的身份、性格、习惯和爱好如何。男女之间送礼，不宜送贴身之物。对长辈或病人，不宜送药物。对婚嫁、祝寿等较大的喜庆，等到参加了人家的喜庆宴会之后再补礼，应为失礼。

通常情况下，当众只给一群人中的某一个赠礼是不合适的，给关系密切的人士送礼也不宜在公共场合进行，只有象征着精神方面的礼品才适宜在众人面前赠送，如锦旗、牌匾、花篮。

礼物一般应该亲自赠送。当你亲手把礼物送给受礼者，这份礼物将富有附加的重要性和意义，因为当你把它递交出去时，你的声音、表情，甚至握手或轻轻地拥抱都给了对方冲击。

每个人都有自己的兴趣、爱好，每个民族、每个国家都有各自的风俗习惯，选择礼品时一定要有所考虑，有的放矢，投其所好，不可盲目。

（一）祝贺开店、乔迁的送礼礼仪

如果收到乔迁宴客的请帖，就在前几天送达礼品。收礼的一方在当天把礼品放在显眼的地方，最能表达感谢之意。即使不能如期出席，也要礼到。在开业当天通常会举办酒会，因此可在亲赴现场时致赠或前一天送达。如果在当天亲自带贺礼去，避免在大庭广众下致赠，尽量私下交给对方才合乎礼仪。最常致赠的有财神像、发财树等吉祥物。一般有现金或酒，花束、花篮、招财猫，伞架、书报架等。如果是祝贺乔迁，因为关乎新房的气氛或个人的偏好，故最好事前询问需要什么东西再送。乔迁新居可以送小型家具、室内用品、字画、摆饰，厨房用品、酒、拖鞋，礼卷、现金等。

（二）临别赠送礼品礼仪

调职或退职等赠送临别礼品时，通常是在送别会当场送交。多半是同事大家合起来送，也可以送现金。调职的情形有荣升与降调的差别。如果是降调，太豪华的临别赠礼会让人困惑。如果是荣升，部下以个人名义送上司礼品是失礼，要送就同仁们合起来送。

适合赠别的礼品有打火机、钢笔、皮带、相框，赠送符合该人身份的物品。如果是在送别会当场交给对方，就要考虑是否方便携带，避免送太大型笨重的物品。

（三）节日送礼礼仪

春节、端午节、中秋节这三大传统节日的送礼，是对双亲或亲戚、恩师、工作上的客户或上司等平时照顾自己的人，或是特别照顾自己的人表达感谢之意。

过年过节的前几天送比较恰当。礼品亲自登门拜访、直接送交对方比较正式，但利用邮寄或快递等方式送达也无妨。但此时必须随礼附上贺卡，因为只送礼而未附贺卡是失礼的行为。

春节时对父母长辈除了奉上红包外，礼品也不可或缺，较名贵的燕窝、人参礼盒适合送给父母、师长辈；水果、名产及一些应时的礼盒送给工作上的客户、上司及平时照顾我们的人。如果能亲手做些应时的年糕、甜点更会让受礼的人感到欣慰。

适合三大节日的礼品：咖啡礼盒、绿茶或红茶礼盒等在家庭或公司都用得上，因此很受欢迎。商品券、礼券，体积小，可随时兑换自己想要的物品，因而有人气。只不过给人有些乏味的印象，所以如果对方是长辈，最好再附带送上糕饼。

端午节是吃粽子的节日，大家都知道端午节一过就是夏季的来临，在挑选礼品时，要考虑季节因素。应时的粽子、水果、名产、茶叶礼盒都很受欢迎，如果是送给父母及师长的礼物，宜注重养生方面。

每年的中秋节一到，各式各样的中秋月饼应时而上市。近年来大家都很注重健康管理，因此低油、低糖、低热量的月饼都很受欢迎。茶叶礼盒也是不错的选择，应时水果是柚子和水梨、水蜜桃等。

（四）探病、慰问的送礼礼仪

探病、慰问时的礼品最好挑选对方喜欢的物品，但也必须留意对方是否有饮食限制。慰问受灾的朋友最好选择生活必需品。如果前往医院探病，最好事先征询病人家属的同意。因为有些病人不大愿意让别人看到自己的病容或是身体虚弱的样子。获得同意后，遵守探病时间，待30分钟左右最好告辞。如果自己无法亲自前往，可寄信给病人家属，请代为转达。如果等到对方出院或复原后再送礼品，那就是失礼，定要注意。

适合探病的礼品除鲜花水果外，最好送病人喜好的物品，但可能有饮食限制，因此如果关系亲密，不妨先询问再送。如电话卡、鲜花、CD、杂志等，都是不错的选择。

（五）祝贺结婚的送礼礼仪

从接收邀请函（喜贴）到举行婚礼的前一周赠送礼品。避免婚礼喜宴当天在收礼金处交给，尤其是体积庞大的礼品会造成对方的困扰。

贺礼不论是现金或是礼品，尽可能亲自送达。如果是前往对方家登门送交，须事先询问对方什么时间比较方便，但如果实在太忙，用邮寄或托送的方式也不算失礼，必须随礼附上贺卡或是另外再去信、去电话告知已将礼物送达。

最好先询问对方喜欢什么东西，如果不方便问，送锅或餐具等家庭用烹调器具或实用品均可。此外，如果新人不和双亲同住而是自组小家庭，家电制品等也很适合。如果礼品是送成套的，就送一对或半打、一打等偶数。

（六）祝贺生子送礼礼仪

在产后7天至1个月内赠送。如果亲自登门赠送，最好事前询问对方什么时间比较方便。考虑到因育儿导致睡眠不足而疲累，最好早点告知。所有婴儿用品都是合适的。

大伙合起来送礼可以选婴儿床、婴儿推车、婴儿椅、车上婴儿安全座椅等大型用品，婴儿用餐具、银汤匙等银制品很好，据说含着银汤匙出生的孩子会幸福。每个孩子成长的速度不同，所以选购以不分季节都能穿的衣服最受欢迎。纸尿布、纱布等婴儿使用的消耗品，多一点也无妨。为慰问生产母亲的辛劳，可挑选饰品或服装。

7. 餐饮宴会，展现优雅风度

赴宴从某种角度来说，能带来一定的情调，也是人们比较经常的交际活动之一，因此要特别注意其中的礼节。你的角色必须知礼而为之，否则因失礼而失败。

当接到请柬或邀请信时，能否出席参加要尽快予以答复，以便主人安排。如果不能参加，要向主人说明，并表示感谢和歉意。

出席宴请，要注意仪表，经过梳洗打扮，穿戴要清洁、得体、大方，最好选择一套既得体又入时的服装。

按照主人所邀请的时间准时赴宴。通常宴会都请客人提前半小时到达。有些请帖写明客人到达和宴会开始的时间，例如“6时到达，6时30分宴会开始”，则应按时到达。如因故在宴会开始前8分钟或10分钟到达，不算失礼，但迟到则非常失礼，表示你对主人不够尊敬。但是，如果你与主人关系密切，不妨早些抵达，帮主人招待来宾，或做些准备工作。

当走入主人家或宴会厅时，首先要主动向主人问候致意，同时，对其他客人，不管相识与否，都要微笑点头示意或握手问好；对长者要主动起立，让座问安；对女宾举止庄重，彬彬有礼；对小孩，则应问名询岁，多加爱抚。这一切都要自然真切，落落大方，使赴宴者对你有互不见外，情同一“家”之感。

事先把自己的名片准备好，在被介绍给他人时，要用双手捧着名片相赠，绝不可随便抛给别人。反之，接受对方名片，也需用双手，接到以后，要认真看一下，有时可有意识地重复一下对方的姓名与职务，以示尊重和仰慕，不要将别人的名片漫不经心地塞进口袋。

进餐前后，要主动与周围的其他客人多交谈，但交谈面不宜太大，蜻蜓点水的方式，一般不会给对方留下深刻印象。

在进餐时，应该穿正装，不要随便脱掉外衣，更不可中途脱外衣。进餐的动作应文雅，夹菜时动作要轻。送食物入口时，须小口进食，两肘应向内靠，不宜向两旁张开，碰及邻座。吃饭、喝饮料、喝汤，都不能发出声响，这会影响同席人的情绪，是粗俗的表现。如在用餐时需剔牙，应用牙签，并以手或手帕遮掩，切忌用手指掏牙。

如果宴会还没有结束，自己已经用好餐，也不可随意离席，要等主人和主宾餐毕先起身离席，其他客人方可依次序离席。

在离席的时候，应该主动适当整理一下桌上的餐具，免得身后留下一片狼藉杯盘，有失雅观。身份低者、年轻者要主动帮助照应行动不便的成年长者，并向主人致谢，祝贺宴会组织成功，感谢主人的热情周到，称赞菜肴的丰盛精美等。但客气话尽量简单些，说得过多，会使主人不自在。

除了这些，中餐和西餐在礼仪上也有不同，要注意不同的餐饮场合，有不同的礼仪讲究。

（一）西餐礼仪

西餐礼仪的最基本内涵是两点：一是在社交场合中要为别人考虑，不要给共同进餐的朋友及服务生造成不愉快或者不方便；二是通过自己优雅的姿态，向他人展示你的迷人气质和良好修养。

要懂得事先预约。通常，越是高档的饭店就越是需要事先预约。在预约时，不仅要说清人数和时间，也要表明是否要吸烟区或视野良好的座位。如果是生日或其他特别的日子，可以告知宴会的目的和预算。在预定时间内到达，也是基本的礼貌。

穿着得体。要知道再昂贵的休闲服，也不能够随意穿着上西餐厅。男士要穿着整洁的上衣和皮鞋，女士要穿套装和有跟的鞋子。如果指定穿正式服装的话，男士必须打领带。

从椅子的左侧入座，这是最得体的入座方式。当椅子被拉开后，身体在几乎要碰到桌子的距离站直，领位者会把椅子推进来，腿弯碰到后面的椅子时就可以坐下来。在用餐的时候，上臂和背部都要靠到椅背，腹部和桌子应该保持约一个不超出拳头的距离，两脚交叉的坐姿最好避免。

正式的全套餐点上菜顺序是：①菜和汤；②鱼肝油；③水果；④肉类；⑤乳酪；⑥甜点和咖啡；⑦水果，还有餐前酒和餐酒。没有必要全部都点，点太多却吃不完反而失礼。稍有水准的餐厅都不欢迎只点前菜的人。前菜、主菜（鱼或肉择其一）加甜点是最恰当的组合。点菜并不是由前菜开始点，而是先选一样最想吃的主菜，再配上适合主菜的汤。

用餐前就可以打开餐巾。点完菜后，在前菜送来前的这段时间把餐巾打开，往内摺三分之一，让三分之二平铺在腿上，盖住膝盖以上的双腿部分。最好不要把餐巾塞入领口。

通常使用刀叉的基本原则是：右手持刀或汤匙，左手拿叉。若有两把以上，应由最外面的一把依次向内取用。刀叉的拿法是轻握尾端，食指按在柄上。汤匙则用握笔的方式拿即可。如果感觉不方便，可以换右手拿叉，但更换频繁则显得粗野。吃体积较大的蔬菜时，可用刀叉来折叠、分切。较软的食物可放在叉子平面上，用刀子整理一下。

正确的握杯姿势是用手指轻握杯脚。为避免手的温度使酒温增高，应用大拇指、中指、食指握住杯脚，小指放在杯子的底台固定。在喝酒的时候，绝对不能够用吸管吸着喝，而是倾斜酒杯，像是将酒放在舌头上抿着喝。轻轻摇动酒杯让酒与空气接触以增加酒味的醇香，但不要猛烈摇晃杯子。此外，一饮而尽或边喝边透过酒杯看人，都是失礼的行为。不要用手指擦杯沿上的口红印，用面巾纸擦较好。

吃面包的时候，要先用两手撕成小块，再用左手拿来吃。吃硬面包时，用手撕不但费力而且面包屑会掉满地，此时可用刀先切成两半，再用手撕成块来吃。避免像用锯子似的割面包，应先把刀刺入另一半。切时可用手将面包固定，避免发出声响。

鱼肉一般都很容易碎，因此餐厅常不备餐刀而备专用的汤匙。这种汤匙比一般喝汤用的稍大，不但可切分菜肴，还能将调味汁一起舀起来吃。若要吃其他混合的青菜类食物，还是使用叉子为宜。首先用刀在鱼鳃附近刺一条直线，刀尖不要刺透，刺入一半即可。将鱼的上半身挑开后，从头开始，将刀叉在骨头下方，往鱼尾方向划开，把针骨剔掉并挪到盘子的一角。最后再把鱼尾切掉。由左至右面，边切边吃。

用餐中途休息时，应把刀叉以八字形状摆在盘子中央。把刀刃指向别人就是失礼。若刀叉突出到盘子外面，不安全也不好看。边说话边挥舞刀叉是失礼举动。用餐后，将刀叉摆成四点钟方向即可。

如果餐具掉在地上，不要自己捡起来，要叫来服务人员换干净的。如果不小心打翻酒杯，也不要自己擦拭，叫服务人员来处理。只要是用餐中的问题，均交由服务人员来处理。

女人的魅力体现在方方面面，甚至是每一个细微的小事上，所以吃西餐时，下面这些是失礼的行为，要注意避免：

交换菜盘来吃。在普通餐厅无所谓，但如果在正式场合与他人交换菜盘来吃，就是大禁忌。如果想吃对方的菜，就叫服务人员拿来预备盘，盛在里面来交换菜肴。

边喝汤边吃面包。点全餐时，喝完汤才能吃面包，不要因为面包已经端来，就边喝汤边吃面包。

吃的时候发出声音。使用餐具或餐器时发出吱吱咯的声音是很不礼貌的。喝汤时也要留意不要发出声音。

把提包放在桌上。即使是小型提包放在桌上也是失礼的，应放在背和椅子之间或脚边。

大声叫服务人员。一流餐厅的服务人员会时常留意客人的举动， 因此不必大声叫服务员，只要轻轻举起一只手，就会马上过来。

把餐巾挂在颈部。西餐席上禁止把餐巾挂在颈部。应将餐巾对折后再放在膝上。

在用餐时吸烟。在用餐席上吸烟是禁忌。如果想吸烟就等吃完再吸，但不要忘记先向周围的人们声招呼。

捡起掉落的餐具。刀叉掉落时，请服务人员来捡绝不要自己捡起，如果掉在椅子了就自己捡起，然后请服务人员来换一只干净的。

自己任意决定座位。不等带位就自行决定座位是失礼的行为， 如果不满意服务人员带的座位，可请教是否可以换其它座位。

先把牛油抹在面包上再撕开。法国面包是先撕成一口大小，再抹上牛油来吃，不可先抹牛油再撕开。如果是面包片，可先抹牛油再撕开。

打嗝、打哈欠、打喷嚏都算失礼。据说有人认为打嗝比放屁更令人反感，用餐中尤其要注意。打哈欠或打喷嚏也一样，如果想擤鼻涕， 就离席去解决。

（二）中餐礼仪

中餐虽然我们都极为熟悉，但礼仪却不是人人都懂的。一般说来，下面这些方面是需要我们特别注意，才能保持优雅的风度，保证礼仪周到。

一是中餐的座次问题。总的来讲，座次是“尚左尊东”“面朝大门为尊”。

若是圆桌，则正对大门的为主客，主客左右两边的位置，则以离主客的距离来看，越靠近主客位置越尊，相同距离则左侧尊于右侧。若为八仙桌，则正对大门一侧的右位为主客；如果不正对大门，则面东的一侧右席为首席。若为大宴，桌与桌间的排列讲究为首席居前居中，左边依次 2、4、6 席，右边为 3、5、7 席，根据主客身份、地位、亲疏分坐。

二是入座之后的礼仪问题。先将餐巾打开平放在膝上，千万记住，那是用来擦手指或嘴唇的，可别把它挂在颈项之间。席间若奉上毛巾，一般是为了方便你擦去吃螃蟹、炸鸡等食物时手上所留的油渍，千万不能用做他途。

至于餐具的使用，必须注意的原则是，能用筷子取的，应以筷子夹取，不方便用筷子的才用汤匙，但应避免用筷子或汤匙直接取菜后送入口中，最好先置于自己的碗碟中，然后慢慢吃。

用餐时，通常以右手夹菜盛汤，左手则扶碗、端碗，切忌右手拿筷，左手又持汤匙，更不可一手兼持筷子和汤匙。

用餐时，切忌狼吞虎咽，嘴里发出声响；骨头、鱼刺等不可吐在桌布上，而应置于盛装鱼头的专用碟中；取菜时也不可拨弄盘中的食物，或站起来取用远处的食物。

吃完之后，应该等到大家都放下筷子，主人示意可以散席，才可离座。

向主人告辞，你应与主人握手，握手要用力一点儿，以表示诚恳。如果多人轮候与主人握手告别，你只要和主人握手道别即可，不宜耽搁主人的时间。

8. 参加晚会和舞会，遵礼守仪举止得体

晚会和舞会，是社交中常见的形式，也是很重要的公务社交活动，不懂礼仪或是失却了礼仪，对于女性来说，都是不好的。不仅有损自己的风度气质，对于职场工作，也会带来不利的影响。所以礼仪不可不知。

舞会一般在晚上举行。有大型舞会、一般性社交舞会和单位舞会等多种形式。时间约为 3 小时，遇有重大喜庆节日或是重要活动，可能会延长。

晚会，则是晚上举行的各种娱乐活动，与舞会的不同之处在于内容以演出节目为主。

（一）参加晚会礼仪

当收到晚会邀请时，如无特殊情况，请愉快接受，并明确告知主办方自己是否前往，是否有同伴参加等。如果邀请你作为表演嘉宾，需要提前定好表演节目以及相应事项，以保证演出效果。

穿着端庄，妆容素雅。着装的基本要求是：干净、整洁、端庄、文明、大方。衣着可以稍微华贵一些，但要注意得体，不可过于花枝招展或奇装异服，妆色可以稍浓一点，但不要过于夸张。最好穿裙装，如单色的旗袍、连衣裙、西服套裙或礼服等。

一定要准时入场，或尽可能提前到场。晚会开始后才匆匆进场并影响到他人，是十分不礼貌的。到达后根据主办方安排的座次入座，等待晚会开始。如果演出已经开始，便不宜再陆续入场，而应候至演出中场休息时方可入场，否则不仅会直接影响演出，而且也会妨碍其他观众对

演出的欣赏，很不礼貌。

如果自己的位置在一排中间，且其两侧已经有人就坐，那么在走向自己的目的地时，应对被自己打搅的人轻言一声“抱歉”，并且面向对方，侧身缓步而行。

如果见到熟人，可以点头示意，不要大声招呼。有话要谈，可在演出开始前、中场休息时或是演出结束后进行。在观赏演出时，不可聊天，解说或是发表观感。一般不宜主动跟陌生人攀谈，更不要在这里目不转睛地打量不认识的异性，或者对其评头品足，这都是不礼貌、缺乏修养的表现。

演出开始后，不要随意走动，否则就会给其他观众带来不便。有什么事情需要处理的话，一定要争取提前办好，或是看完演出之后处理。

若观赏席上备有食品，可以象征性地取拿食用。但一定不要大吃大喝，吃剩下的果壳或垃圾要细心收好，不可乱扔。

要尊重演员的演出。当节目终了或一幕结束之后，应当热烈鼓掌，以示对演员的支持。但是鼓掌一定要有分寸，不要在演出进行期间频频鼓掌，甚至掌声经久不息。那样的话，不仅会打断演员的表演，而且也会影响到其他观众对演出的欣赏。绝对不要对演员喝倒彩、鼓倒掌，让演员下不了台。更不允许在演出时起哄、闹事、驱赶演员。

有时候在观看节目的过程中，因特殊事故节目中断了，这时应坐在座位上耐心等候，不要大喊大叫或敲打椅子。这些都是缺乏修养的行为。

在演出全部结束后，应当起立，鼓掌。如果演员正在台上谢幕，不能急匆匆地忙着退场。只有在演员谢幕之后，才可井然有序地退场。如遇嘉宾上台接见演员，应在接见仪式结束后再退场。

（二）社交舞会礼仪

舞会是可以把女性的温婉雅致发挥到极致的地方，任何一个平常不很讲究的女人一到舞会中都会立即变成另一个人。舞场是社会交际的一种方式，也是人们娱乐和放松的场所，如何更好地利用这个机会，使自己魅力别具，更受人欢迎呢？

首先要衣着整洁大方，不要浓妆艳抹。舞会时应根据舞会的性质适当地修饰一下仪表，不可过分随便，不要穿着运动装、室外休闲装入舞场。服饰均应整洁、讲究，最好能与环境融为一体。切不可衣着随便、松垮，显得窝囊邋遢。最适合的装扮是穿裙子，如连衣裙、套裙等。参加任何性质的舞会时，在服装和首饰上都不能过分张扬，以免让人觉得你俗气。

舞会中会与人靠得很近，因此清新的体香很重要。参加舞会前要刷牙，喝杯白开水，不要吃蒜、葱等带气味的食品，否则，满口蒜、葱的气味，这是对对方不尊重的行为。可以嚼片口香糖。但是口香糖不要带入舞场，应在入场前吃。

也要通过有个性的服饰来充分体现高雅的风度和优美的线条，使每对舞者都像整个舞会百花坛中一朵朵美丽的花那样，争奇斗妍。

舞会前也应该洗个澡，不要汗淋淋地参加舞会。然后，你只要搽淡淡的香粉，化一个淡淡的妆，做一个优雅而不死板的发型即可。总之，不要为了这场舞会打扮得太妖艳。另外，参加舞会不要携带一个大包，皮包要小巧精致，也可以不带。

进入舞场以后，言谈举止要讲文明，不要高声说笑和怪叫，更不能满口污言秽语。走路时脚步要轻，不要在舞池中穿行。不熟悉的舞曲尽量不要下场。舞会中遇到不愉快的碰撞，用手势与微笑来解决，不能出言不逊或给人脸色而引起争端。

男女即使彼此互不相识，但只要参加了舞会，都可以主动去邀请别人共舞，通常则由男士主动去邀请女士共舞。女士如不愿意与前来邀请的男士跳舞，应当婉言谢绝，而不能蛮横无礼或露出轻视别人的表情，一旦拒绝某位男士的邀请，这曲舞就不要再接受另一男士的邀请，以免造成对前者自尊心的伤害。

当女士拒绝一位男士的邀请后，如果这位男士再次前来邀请，并无不礼貌的举止和表现，女士便不应再次拒绝邀请，在无特殊情况下应与其共舞，这是舞会礼仪所要求的。

如果女士已接受某位男士的邀请，对再来邀请者应表示歉意。如果自己愿意同他跳舞，可以告诉他下曲再与之共舞。

如果两位男士同时邀请一位女士跳舞，最礼貌的做法是同时礼貌拒绝两位邀请者，也可以先同其中一位跳舞，并对另一位男士礼貌地说："对不起，下一曲与您跳好吗？"

在舞会上，男人请女人时，女人是可以拒绝的，说白了，女人有选择权。但女的请男的，男的不能拒绝。特别要注意的是，按国际惯例，交谊舞上同性不共舞，男的不跟男的跳，而且女性之间也最不要共舞，因为这样，会让人误解为是没有男性请这二位跳舞。所以参加舞会，有些必要的礼仪也是要掌握的。

女士无论是参加家庭舞会还是到夜总会跳舞，都是舞场上的主角，除了化妆打扮上要特别适合舞会的气氛外，最重要的是应该保持你的兴致，使你周围的人也跟着快乐起来。

9. 出席庆典和仪式，庄重大方不越规逾矩

女性在工作和生活中，免不了要出席一些庆典和仪式，如开业庆典、节日庆典、周年庆典、签约仪式、奠基仪式、剪彩仪式以及一些工程或项目的启动仪式等。庆典和仪式一般都在公共场合举办，这就一定要注意庆典仪式的礼仪，在公众和主办单位面前展示出一个气质女性应有的礼仪风貌。

（一）出席庆典和仪式的基本礼仪

按照庆典和仪式礼仪的规范，在出席庆典和仪式时，女性应当特别注意以下几点。

（1）仪容要整洁

所有出席庆典的人员，都应当保持干净整洁的仪表形象。绝不能蓬头垢面、浑身臭汗的出现在公众或主办方面前，这是很不礼貌的，也不符合一般的礼仪常规，这样参加庆典，只是“出丑”。女性更需要讲究妆容大方、仪表清爽，衣饰整洁。最好化一个淡妆。素面朝天、不加修饰或者或于浓艳的妆容，都是失礼的。

（2）服饰要规范

一般出席庆典必须穿着公务正装。即男士应穿深色西装套装，配白衬衫、深色领带、黑色皮鞋。女士应穿深色西装套裙，配长统肉色丝袜、黑色高跟鞋，或者穿深色的套装。越是正式的庆典活动对服饰礼仪的要求越高，越需要我们注意。不过也可以有少许的变通。如男士穿深色夹克、女士着端庄的时装，也是可以的。

（3）时间要遵守

遵守时间，是基本的礼仪之一，在出席公务庆典或仪式时当然更要遵守。参加庆典不能迟到、早退、无故缺席或中途退场。更不能庆典已经举行了才姗姗来迟，最好能提前15～30分钟到场，在宣布庆典或仪式结束后才可退场。

（4）表情要庄重

在庆典或仪式举行期间，不允许嬉皮笑脸、嘻嘻哈哈，或是愁眉苦脸、唉声叹气。在举行庆典或仪式的整个过程中，都要表情庄重、全神贯注、聚精会神。

假若庆典或仪式之中安排了升国旗、奏国歌、唱会歌的程序，一定要依礼行事：起立、脱帽、立正，面向国旗或主席台行注目礼，并且认认真真、表情庄严肃穆地和大家一起唱国歌、唱会歌。此刻，不能够不起立、不脱帽、东张西望、不唱或乱唱国歌与会歌。在起立或坐下时，不能够把座椅搞得乱响，也不要在脱帽时下意识地梳理头发，或是在此期间走动和找人交头接耳，这些都是素质低下、不合礼仪的表现。

（5）态度要友好

要谦和、友善地对待他人。如遇到了其他来宾，要主动热情地问好。对来宾提出的问题，要热情及时地答复。不能回答清楚，也要说明理由，并请求原谅。不要围观他人、指点或议论他人，更不能对其他来宾持有敌意。当有人在庆典上发表贺辞时，要主动鼓掌表示欢迎或感谢。不允许打断他人的讲话，更不应向其提出挑衅性质疑，或进行辩论、人身攻击等。

（6）行为要自律

不要“想来就来，想走就走”，或是在庆典举行期间到处乱走、乱转。不要与周围的人说“悄悄话”、开玩笑，或是朝自己的“邻居”甚至主席台上的人挤眉弄眼、乱做手势。不要有意无意地作出对庆典或仪式毫无兴趣的姿态，例如看报纸、读小说、听音乐、玩手机、打瞌睡，等等。不要让人觉得自己心不在焉，比方说探头探脑，东张西望，一再看手表，或是向别人打听时间。

（7）发言要简短

若需要在庆典仪式上发言，则务须谨记以下四个重要的问题：一是上下场时要沉着冷静。走向讲坛时，应不谎不忙，不要急奔过去，或是慢吞吞地“起驾”。在开口讲话前，应平心静气，不要气喘吁吁，面红耳赤、满脸是汗、急得讲不出话来。二是要讲究礼貌。在发言开始，勿忘说一句“大家好”或“各位好”。在提及感谢对象时，应目视对方。在表示感谢时，应郑重地欠身施礼。对于大家的鼓掌，则应以自己的掌声来回礼。在讲话末了，应当说一声“谢谢大家”。三是发言一定要在规定的时间内结束，而且宁短勿长，不要随意发挥，信口开河。四是应当少作手势。特别是含义不明的手势，尤其不能乱用。

（二）女性在庆典和仪式上的着装要求

女性参加重要的庆典和仪式时，要特别注重自己的仪表形象，因为这不仅关系到自己的形象和气质，还代表着你的企业和或单位的形象。

一般来说，出席庆典和仪式要求着正式的公务装。如果有专门的职业装，就着统一的职业装，如警察、法官、军人、税务人员、铁路人员以及医护人员等。如果没有专门的职业服装，那就按惯例着公务正装，也就是套裙或套装，这样才显得正式，不失礼仪，也让自己更有气质。着装时还需重视以下一些方面：

（1）整洁平整

服装不一定要高档华贵，但须保持清洁，并熨烫平整，穿起来就能大方得体，显得精神焕发。整洁并不完全为了自己，更是尊重他人的礼仪。

（2）符合规范

职业女性参加各种正式场合的活动，如会议、仪式、庆典等，都应穿着典雅大方的套装或套裙为宜。裙子长短应适度，不能过短，中老年及职业女士尤为注意，所穿裙子至少应长及膝盖。鞋子不能穿凉鞋、拖鞋和过于高跟的鞋。中跟或半高跟的鞋较为合适。要注意鞋子和裙子在色彩、款式上的协调。穿套裙时，应配穿长筒或连裤丝袜，颜色以肉色、黑色为宜，且袜口不得短于裙摆边。要注意不能穿着挑丝、有洞或补过的袜子。另外袜子的大小松紧要合适，不要走不了几步就往下掉，或显得松跨皱褶，在仪式当中整理自己的袜子是极为失礼也大大损害自己形象的行为。

（3）色调沉稳

不同色彩会给人不同的感受，深色或冷色调的服装让人产生视觉上的收缩感，显得庄重严肃；而浅色或暖色调的服装会有扩张感，使人显得轻松活泼。因此，可以根据不同的庆典和仪式进行选择和搭配，同时也要根据季节选择。如春夏间的庆典活动，不妨着浅色调的套裙，而秋冬间可以选择深一些的颜色。但不论深色浅色，都以沉稳大方的色调为主。

（4）饰品简洁

巧妙地佩戴饰品能够起到画龙点睛的作用，给女性的气质增添色彩。但是佩戴的饰品不宜过多，一件或两件足矣。佩戴饰品时，应尽量选择同一色系。佩戴首饰最关键的就是要与整体服饰搭配统一起来，以端庄大气为主，不要戴一些新潮时髦却与现场不搭的饰品，如发声耳环、闪光手镯之类。

（5）避开着装禁忌

一忌脏乱。出席正式的场合，千万不要穿脏污和皱褶、破烂的服装出席。即便是旧衣服或衣服不高档，都没关系，但一定要干净整洁，不能有污渍、破洞；二忌花哨。服装款式和颜色都以沉稳大方最好，切不可花花绿绿、奇装异服；三忌名牌。浑身名牌，只会让人觉得你奢侈讲究，不会增添气质和韵味。尽量选择商标不明显的服装和配饰，给人庄重朴实之感最好；四忌裸露和性感。庆典和仪式活动是庄重严肃的场合，过于性感或暴露的服装只会让你看起来低俗，气质全无，而且对活动不够尊重。

（三）做嘉宾的礼仪

如果女性参加庆典和仪式时只是做出席嘉宾，则只需保持良好的形象，就不会失礼。在庆典或仪式进行时不论在台上台下，都要坐姿端庄，身体挺直，表现出精神饱满的状态，切忌挠头、抖腿等不雅举止。聆听时要专心致志，与发言人保持目光接触，仔细听清对方所说的话。不要私下小声说话或交头接耳，不要三心二意、东张西望，这些都会影响听讲的效果，也会影响发言人的心情。发言人发言结束时，应鼓掌致意，中途退场应轻手轻脚，不影响他人。

要亲切随和，不必过于严肃。若过于严肃，会影响到主持人或发言人营造气氛，让人尴尬。因此在认真倾听时，应当随发言内容的变化有一定的表情变化。比如在听到笑话时，应尽量及时展现笑容，表示你享受幽默的乐趣和接受较幽默的表达方式。不专心倾听、心不在焉或一脸冷漠或茫然、对他人的发言不给予反应等，都是失礼的。

还要注意，在庆典或仪式进行中，务必把手机关掉，起码也要调到震动状态。这样既表现出对他人的尊重，也不会打断发言者的思路。

（四）担当主持人的礼仪

如果在庆典或仪式中担当主持人，则要注意以下礼仪。

（1）要衣着整洁、精神饱满、大方庄重，切忌不修边幅、邋里邋遢。

（2）不可迟到。一般要提前入会。主持人要把握整个典礼的节奏和效果，提前到达作些准备，有利于更好主持。

（3）熟悉程序。应当熟悉仪式各个程序，事先做好安排，保证心中有底，有条不紊。比如提前对嘉宾的姓名进行预演，读准每一个人名，避免读错名字的尴尬。

（4）行为大方。主持时要精神饱满，热情洋溢。走上台时应步伐稳健有力、挺胸收腹、眼观前方，切忌东张西望，显得不自信。行走的速度根据座位到主席台的距离而定。在会议进行中，主持人对会场上的熟人不能打招呼，更不能寒暄闲谈，会议开始前，或会议休息时间可点头、微笑致意。在会议开始，要首先介绍主要参会人员。台上台下各个方面审时度势，随机应变，使会议保持隆重热烈的气氛。

（5）言语得当。主持人言谈应该口齿清楚、思维敏捷、简明扼要，可以说一些承上启下的话，但不要太长，以免显得喧宾夺主。如果需要，每个人发言结束，主持人可以进行简短总结。同时，主持人要时刻把握会议节奏，必要时要礼貌或婉转地提醒发言人注意时间与发言内容。但切不可针对任何人提出批评或指责，这是极其失礼的。

（6）掌控现场。主持人应根据会议性质调节会议气氛，或庄重，或幽默，或沉稳，或活泼。如遇突发情况导致造成尴尬的气氛，主持人应该想办法打圆场以打破僵局，让庆典保持良好的气氛和节奏。

（五）发言的礼仪

如果在庆典或仪式上需要发言，则要注意以下礼仪，不可因失礼而损害自己的形象和气质。

最基本的礼仪要求是：走上主席台发言时应该步伐稳健有力、仪态端庄大方。入席后，如果是站立发言，应双腿并拢，腰背挺直；坐姿发言时，应身体挺直，双臂前伸，两手轻按于桌沿，身体应保持正直稍前倾，不要趴在讲台上或靠在椅子背上。书面发言要念稿时，也要注意时常抬头扫视一下会场，不能一味低头读稿，旁若无人。

讲话要有激情，注意节奏。开门见山，不要太啰嗦。罗嗦而无头绪的发言不仅让听众失去耐心，也会让你的形象受损。直接有力的开场白，清晰的观点陈述，必要情况下的加以强调，这样的发言会让你更受大家敬重。

注意发言时语调不要太高，尽可能地放低较好。女性一般声线较细，声频偏高，这样的声调显得纤细、敏感、不够持重，所以，在发言过程中，尽量采用低沉而有节奏的语调，这样的声音才有说服力。

发言时不要只盯着稿子，要不时与观众用眼神交流，有意地环视会场上的每个人，就好像你在对某个人发表演说一样。即使这种环视只不过是飞瞥一两次。不要回避或鄙视那些诋毁者的眼光，让他们也抬着头看你，可以显示你的自信和坦然。

如果有人针对你的发言提问，应礼貌作答。对不能回答的问题，应机智而礼貌地说明理由。对提问人的批评和意见应认真听取，即使提问者的批评是错误的，也要微笑隐忍，控制情绪，不应该失态甚至当场吵闹。

发言完毕，应该对听众的倾听表示谢意。

总之，参加庆典和仪式时，不论扮演的是什么角色，只要时刻记住礼仪，礼貌当先，礼貌对人，律己守礼，循规蹈矩，就会给人留下高雅大方、气质出众的美好形象，让人过目不忘。